纯手作果酱
10分钟就OK

[韩]裵弼省 著　　王国英 译

U0260103

江苏凤凰科学技术出版社

目录

手工果酱制作方法

使用说明

本书中所涉及的果酱原料原产地、营养成分含量信息（每100g 中所含热量、蛋白质、脂肪和碳水化合物等）均参考"食品药品管理局食品营养成分数据库"标注。

序言

　　在食品公司工作了七年多，之后专心研究果酱，销售自制果酱，一晃过了五年。对于经营自己的公司、体验丰富的生活来说，大家或许觉得五年是一个相当短的时间。但是与拥有数百名员工，制作果酱的每道工序和流程都细分化的大公司不同，我的公司只有我一个员工，因此从食谱开发，到手工制作、销售，都要我一一摸索，全权负责。过去五年里，我了解了一些前所未闻的果酱，并发现了果酱许多有趣奥妙的现象。平时留意观察消费者对果酱的意见看法和对果酱的偏爱情况，在此基础上，开发出了适合韩国人口味的新型果酱。我还亲自去倾听消费者的意见建议，把它们反映到食谱上，进一步改进做出新口味的果酱。尽管这一过程比预想的艰辛得多，但一个个小小成果累积，而后得到消费者热烈反响的那刻，心头总会涌出收获的兴奋和喜悦。我从过去五年里研究制作的果酱中挑选出顾客喜爱和给予好评的果酱，通过本书介绍给各位朋友。

　　本书的内容并非仅限于单纯介绍什么是美味果酱，什么果酱有利于身体健康，以及怎样制作果酱。在制作洋葱果酱、蕨菜果酱、大蒜果酱、盐果酱、贻贝果酱等各种不同食材的果酱过程中，我发现每种果酱都有决定其味道和香气的制作公式。水果果酱、野菜果酱、蔬菜果酱和粉末果酱等不同种类的果酱，要根据食材种类，按不同比例搭配，才能一举两得，制作出美味和营养兼备的果酱。只要掌握了这一要领，就算不依赖于果酱制作食谱，您也能量身定做出符合自己口味（口感和浓稠度等）的果酱。也就是说要对果酱制作工艺形成一种清晰的概念。

所谓公式，并不像背英语单词，背过了就意味着成为自己的东西。这大概是每个人都在学生时代经历过的事吧。公式不是背过就会用，而是需要理解的。同样，要制作出美味和营养兼备的果酱，首先要理解果酱，了解果酱的三要素，了解制作果酱时用到的工具（锅、木铲等），这些细节都要仔细搞清楚。通过本书，大家还会了解我一点一滴积累的果酱制作技巧，关于果酱的一套理论，甚至对果酱的误解等，内容多样。接下来大家在看我整理的食谱时就会很轻松地制作出专属于自己的果酱了。从最基本的开始，循序渐进地学习，你会体悟到果酱的制作公式不能背，而需要理解。假若理解了，在本书介绍的公式基础上，想做出私人定制果酱的创意和热情就会如泉涌般迸发出来。

此刻或许你在担心书的内容生硬呆板、艰涩难懂，那么我先出一道有趣的测试题吧。你知道韩国买果酱最多的人是谁吗？对，正是 20~39 岁的女性朋友们。那么相反，对果酱最警惕、顾忌的人又是谁呢？讽刺的是，答案同样是 20~39 岁的女性朋友们。这说明不管对于忙里忙外的职场女性还是养育幼儿的女性们来说，果酱都是一种颇有魅力，同时又含有大量砂糖、阻碍减肥，尤其对处于生长期的幼儿是百害而无一利的食品。这种成见也是让做果酱的我最感痛心和遗憾的地方。根据使用材料的不同，果酱既能成为营养价值丰富的食品，也能成为垃圾食品。女性朋友们对果酱的误解和成见似乎坚如壁垒，难以打破。实际上说明了目前市面上还没有一本关于果酱理论及消除以上偏见的书。而本书正是从女性们的需求和接受度出发，首先讲解了必要的果酱常识，然后介绍了本书读者不需担忧味道和营养、与家人一起享用的果酱制作方法。

正式介绍果酱之前，在这里先明确告诉大家本书要展示给大家的果酱是——

1. 不添加砂糖却保持甜度和营养的健康果酱；

2. 用在附近超市都能买到的材料做成的简单果酱；

3. 有利于你和家人健康的私人定制果酱；

4. 既可以抹在面包或饼干上吃，又可以用在其他料理上的多功能果酱；

5. 短时间内够吃的分量，10 分钟内就能做好的新鲜果酱。

那么接下来就开始果酱之旅吧！

Mr.jam

了解果酱
才能做出
健康果酱

健康果酱的制作

这里所说的健康果酱广义上有两种制作方法。

第一，缩短加热时间的方法；第二，不添加砂糖的方法。

首先对缩短加热时间的方法加以详细说明。缩短加热时间为何能做出健康果酱呢？原因很简单。加热时间越长，材料里所含的营养成分就会遭到越多的破坏。大家肯定听说过要想使蔬菜的营养成分不受破坏的话，生吃或者在沸水里焯一下使蔬菜熟了再吃吧。制作果酱时也是同样的道理。在短时间内加热后做成果酱，这点十分重要。

缩短加热时间，也就是说将准备好的水果等材料的水分在最短时间里蒸发掉。因而务必牢记以下三点：

1. 不要用口径窄、深度大的锅，应使用口径宽、深度浅的锅。

2. 制作果酱时，不要一次性做很多，分量应控制在 100~200g。（制作少量果酱，水分蒸发量也少，因此能快速制作出来。）

3. 制作果酱过程中要一直用大火。但要快速均匀地搅拌果酱，防止烧糊或粘锅。（一般情况下，若搅拌技术不熟练，烧开后减为中火亦可。）

其次让我们一起研究一下，有没有可以不用砂糖的方法呢?

制作果酱所需的糖基本上是砂糖。本书中介绍的果酱，使用的是一种叫低聚果糖的功能糖。低聚果糖能帮助钙吸收，是肠道内有益菌群的食物，却不被人体消化吸收（也就不会使人发胖）。关于糖，还有疑问的话，可以在下一篇"果酱三要素"中找到更详细的解答。

TIP ▶▶▶ **食品法典中的果酱**

韩国食品法典里规定了食品及其食品添加剂的制造、加工、烹饪及储存方法标准等内容。食品法典里规定，果酱是水果或蔬菜与糖混合制成的果冻或果露。果酱应使用不低于 40% 的蔬菜或水果含量（除草莓以外的浆果和橘子类不少于 30%）。本书中介绍的果酱不能说完全满足食品法典规定的条件。举例来说，制作青阳辣椒果酱时，若放入 40% 以上的青阳辣椒，大家可以想象味道会如何，大概辣得难以下咽吧。总之，本书中介绍的果酱依照食品法典要求的糖浸法和加热法制成果冻或果露，旨在为消费者提供营养丰富的果酱食品。

果酱的三要素: 酸、糖、果胶

　　制作果酱之前首先要明确知道果酱的三要素。这也是我介绍果酱食谱和讲授果酱制作方法时必定要登场的果酱"三剑客"。如果理解了酸、糖、果胶的概念，那么大家也就很快深入地理解果酱了。果酱三要素相当于数学中的四则运算（加法、减法、乘法、除法）。领悟了四则运算就能理解基本公式，甚至是函数。同样道理，理解了果酱三要素，也就能轻松掌握果酱的制作方法了。

　　果酱的三要素是酸、糖、果胶。简单下定义的话，"酸"指的是所有发出酸味的物质，"糖"是所有发出甜味的物质，"果胶"是让食材变成果酱的凝胶剂。下面再详细一点介绍三要素。为什么一再强调它们的重要性呢？原因在于，只要掌握了三要素的特征就能得心应手、制作出符合自己口味的果酱（比如不太甜的果酱，酸味更浓的果酱，更浓稠的果酱等）。

酸

(柠檬果汁或鲜榨柠檬汁/柠檬酸/苹果醋)

制作果酱时使用最多的酸是柠檬果汁（柠檬鲜榨汁）。最有代表性的就是莱滋柠檬汁（Lazy Lemon），在大型超市或食品超市很容易购得，也可以将新鲜柠檬榨出汁使用。由于果酱要考虑原料的特性来制作，相应地也要使用不同种类的酸来搭配。常用于制作果酱的三种代表性酸是柠檬果汁或鲜榨柠檬汁、柠檬酸、苹果醋。

柠檬果汁

柠檬果汁不仅可以调节酸度，还能将柠檬本身的香气与食材（水果或蔬菜）融合在一起，增加果酱的香味，散发出独特的味道。制作水果果酱时一般使用柠檬果汁。

柠檬酸

柠檬酸可以增加果酱的酸度，让果酱清爽微甜。制作彩椒果酱、青椒果酱时，食材本身并无土腥味，但在加热过程中产生土腥味的情况，或食材本身气味太强烈的话，也可以加一点柠檬酸，会起到很不错的效果。

苹果醋

苹果醋的味道介于柠檬酸微甜和柠檬果汁柔和的味道之间。一般用于去除土腥味，在制作蕨菜果酱、盐果酱时可以用苹果醋。

糖

砂糖是制作果酱时最常用的糖类。砂糖是提取甘蔗汁制成的粒状晶体，糖度为 100 白利糖度值。此外，还有低聚糖、果糖、木糖醇、果汁等，都可以用在果酱制作上。

本书中的果酱使用的是低聚果糖。这是经过无数次实验和研究后得出的最佳选择。理由如下：

1. 味道最接近于砂糖。

2. 不被人体吸收，大部分被排出体外。

3. 有助于钙的吸收。

4. 作为肠道内有益菌群的食物，使肠道更健康。

5. 膳食纤维丰富。

当然，低聚果糖并非只有优点。摄取量过多的话会产生腹胀感。果酱主要作为佐餐辅料搭配面包或其他食品食用，因此低聚果糖摄入量过多的情况基本不存在，除非你空腹吃三四瓶果酱。

低聚果糖

果胶

果胶

一提到果胶，大家肯定想到对身体不好的添加剂了吧，这大概是因为关于食品安全事件或事故的负面新闻报道太多了的缘故。可是，果胶是制作果酱必不可少的三要素之一。果胶能使果酱成形，起到凝胶的作用。简单地说，果胶就是碳水化合物凝块。说到碳水化合物，大家可能会担心导致肥胖，但制作果酱时使用的果胶仅占总食材量的 0.3% ~0.5%，因此完全可以打消这一顾虑。

要充分发挥果胶的凝胶作用，酸和糖的比例必须要适宜。一般来说，酸度在 pH2.8~3.5，糖度在 65 白利糖度值以上，两者混合之后就能为果胶提供发挥作用的最适宜的条件。

在不甜或微甜的情况下，果胶能帮助果酱形成半凝固状。而且加入果胶之后，可以不用长时间加热，能最大限度减少营养的流失。即使放入大量水果也能凝成果酱，还能让你尽情享受甜美的浓浓果香味。

TIP ▶▶▶ **假如你对果胶很反感，那么请看以下的果酱制作法**

果胶是制作果酱必要的材料。但如果你对果胶很反感的话，我要告诉你一种不使用果胶的方法。虽然可以多放砂糖或长时间加热，但这种方法容易破坏营养成分，我不推荐这种方法。想推荐给大家的是，可以使用富含天然果胶成分的水果来代替果胶。代表性水果有香蕉和橘子皮的白色部分。使用香蕉的话，在加热过程中产生的难闻味道足以破坏果酱的味道，因此必须要放入少量肉桂粉。可肉桂粉呈深褐色，又会使果酱色泽变得浑浊。如果使用橘子皮里的白色部分，它的涩味会浸入果酱，需加入少量梨汁（或浓缩梨汁）、姜汁，尽管不能完全去除，但可以减少涩味。

果酱的制作工具

锅铲和锅

"明明按食谱配方做的，怎么总是有股糖稀味儿呢？"

在家里自制过果酱的朋友是不是都有过这样的疑问？这是糖烧煳的缘故。但糖为什么会烧煳呢？做果酱的时候明明一直用锅铲搅拌，甚至搅得肩膀都酸了，怎么还会烧煳呢？这是因为糖没有充分搅拌均匀。果酱在噗嗤噗嗤燃烧的火上熬煮着，搅拌的速度或范围即使稍微有所变化，糖也会很容易粘成团。成团之后的糖继续受热的话，就会一点点地烧焦，发出糖稀味儿。

虽然我做果酱时用直火（直接放于火上加热的方式）加热，也不能完全保证糖不被烧煳，但却有办法减少烧煳的概率。

关键就在于锅铲和锅。即使使用一模一样的食材，也会随锅铲和锅的不同，做成的果酱质量千差万别。因此制作果酱时使用什么样的工具特别重要。

我们先来了解一下锅铲吧。做果酱时，一定要使用铲头为"一"字形的平直锅铲。

为什么不能用弧形锅铲呢？原因就在于，只有用"一"字形的平直锅铲才能刮到大面积的锅底，各个角落都搅拌到才能防止糖粘在一起成团。像下页右下侧的圆弧锅铲万万用不得。

锅铲铲头的形状固然很关键，铲子用什么材质做的同样重要。我推荐大家使用木铲。黏稠是糖的基本特性。仅仅把糖添加到果酱中，并不能说明果酱能做好。加热过程中必须要不停地搅拌，锅底也不能疏忽。唯有如此，才能避免糖烧煳。

假如用不锈钢锅铲刮锅底会怎样呢？每次锅铲接触到锅底时都会发出令人烦躁的摩擦声。也有朋友会问"用硅胶锅铲总可以吧"，材质上倒是没问题，不太合适的一点是，搅拌时铲头不能充分受力，导致搅拌力度不够。（但做完果酱装瓶，想把粘在锅底的果酱都集中到一处时最好使用硅胶锅铲。）

综合考虑以上几点，木铲是搅拌果酱的最佳工具。

另一种与锅铲同样重要的是锅。做果酱时，必须要使用锅侧面和锅底呈90度的直角锅，不能使用侧面和锅底的角度为圆弧形的锅。尽管你用了"一"字形木铲，但如果锅侧面和锅底的角度为圆弧形，木铲根本就无法接触到锅底各个角落。使用直角锅就能解决这一问题了。木铲可以充分接触到锅底任意位置，这样才能搅拌均匀。

关于锅的材质，我们也要权衡比较一番。让人很意外的是，制作果酱时青睐铜锅（用铜做成的锅）的朋友非常多。可铜锅不光价格贵，而且本身并不适合做果酱。这是因为果酱的温度。

锅里熬好的果酱须趁热装瓶，玻璃瓶里才能形成真空密封。众所周知，铜锅的导热率高，传热很快。这一优点可以让锅底和侧面均匀受热，这样做出来的果酱才好吃（当然还得调节好火候）。假如做一两瓶少量的果酱，可以用铜锅。但如果做很多瓶果酱的话，装瓶时间变长，相比其他材质的锅，铜锅里的余热散得更快，温度更容易下降。

直角锅

平直锅铲 (OK!)

弧形锅铲 (NO!)

16

做少量果酱时，建议使用铜锅，量多时用不锈钢锅更合适。铝锅很可能被添加到果酱中的酸腐蚀。常用于煮拉面的白铜小锅受热导热太快，容易产生糖稀味儿。

如果你想做果酱作为答谢礼物送人，或以销售为目的需要大量生产的话，可以另买一台能精确称量到 10g、最大称重为 30kg 的秤，这样更便于制作。

秤

制作果酱时需要两种秤，一种是能精确到 1g 的秤，一种是能精确称量到 0.1g 的秤。其中精确到 1 克的秤（最大称重为 5kg）可以用来称水果、低聚果糖、柠檬汁等用料。而只需添加极少量到果酱中的果胶，必须使用能精确到 0.1g 的秤来称量。实际上，水果、低聚果糖、柠檬汁的重量，误差达到规定用量的 5% 左右，做出来的果酱味道基本没有差别。但果胶不行，即使误差仅为规定用量的 1%，都会对果酱的浓稠度带来很大的影响。因此必须用能精确称量到 0.1g 的秤来称量。

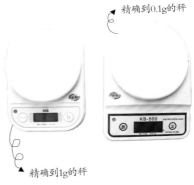

精确到 0.1g 的秤

精确到 1g 的秤

不锈钢盆

清洗处理材料或称量材料时要用盆来盛放材料。果酱制作过程中需要两个以上大小不一的盆子。最好用不锈钢材质、重量尽可能轻的盆，方便使用。

细网笊篱

细网笊篱的用途是根据渗透压原理用提取法制作果酱（青阳辣椒果酱等）时，捞出成块的材料。细网笊篱一般用作捞取泡沫，除草莓果酱以外，大部分果酱糖度在55~65白利糖度值时，泡沫都会自动消失。所以制作果酱时很少用细网笊篱捞取泡沫。

手持式搅拌机

手提式搅拌机的用途是，打碎锅里解冻后的水果，或把粘成团的果胶彻底散开，使均匀溶于果泥中。手提式搅拌机在绞碎方式和加热方式上不同于普通搅拌机，制作果酱时使用它可以更省力，更简单方便。买手持式搅拌机时，最好选择速度可调节、具有强劲马达的产品。

茶匙

茶匙可以用来舀取果胶称重，还可以用来量取像桂皮粉、花椒粉等难以用秤称量的添加物。

硅胶锅铲

材料装在不锈钢盆中称重之后，放于锅中熬煮，这一过程中可以使用硅胶锅铲来搅拌食材。果酱制作完毕，可以用硅胶锅铲把粘在锅各个角落的果酱集中到一侧，便于装瓶。

玻璃瓶

鉴于果酱制作上的特性，做好后要趁热装到玻璃瓶中，并立即盖上瓶盖。因此玻璃瓶不能任意使用。选择玻璃瓶时需注意以下几点：

首先，玻璃瓶要耐高温高热。刚刚做好的果酱温度高达100℃左右。因为必须要趁这个温度装瓶，如果使用不耐高温的玻璃瓶，很容易破裂。

其次，要选用铁质瓶盖的玻璃瓶，塑料材质的不能使用。颜色最好选用除金色之外的有色瓶盖。装入滚烫的果酱后需要立即盖上瓶盖，这时不光玻璃瓶受热，瓶盖也会立刻受热，塑料材质的瓶盖在高温高热下会变形。杀菌环节要将玻璃瓶浸入热水中，镀金的铁质瓶盖会受热变色。如果自家享用果酱，变色也无所谓，但送人的话就不美观，因为变色后外观看起来像旧玻璃瓶。最好选择白色或黑色等有色瓶盖。

棉手套和橡胶手套

把热锅从炉子上端下来的时候，或刚熬好的果酱装瓶的时候，都要戴着棉手套以防烫伤。杀菌环节中，把浸在热水中的果酱瓶取出时要戴上橡胶手套。

注意棉手套要选没有涂层的。因为果酱温度非常高，橡胶涂层接触到高温极易融化脱落。对橡胶手套基本没有要求，市面上卖的这些都可以。

糖度计

假如你想做少量果酱给家人吃的话，完全可以不用糖度计。但如果以销售为目的的话，为确保产品的安全性（确保果酱糖度为60白利度），需要使用糖度计。也就是，非家庭的、大量生产果酱时才需要糖度计。

在本书中我不想仅局限于家庭制作果酱的方法，肯定有很多想更专业地制作果酱的朋友，下面就让我们详细了解一下糖度计吧。糖度计分为三种，分别是低糖度计、中糖度计和高糖度计。

低糖度计用于水果、蔬菜等糖度的测定，可以测定的糖度范围是0~30白利度。中糖度计可测定30~60白利度，制作果酱或茶类饮料时，为确保产品的安全性，要检查糖度是否达到了合适的糖度。这时可以用中糖度计。最后，高糖度计可以测定60~90白利度的果酱等，还可用于茶类饮料糖度的最终测定。

我们制作果酱时需要的中糖度计，可以测定30~60白利度。当然，如果有高糖度计的话更好，可以做出更多样的果酱，也可以检测刚刚制作好的果酱的糖度。粉末状或蛋白质成分居多的材料，可以通过提高糖度的办法，确保果酱的安全保质期。另外，像青阳辣椒果酱等需要提取方式制作果酱时，也需要高糖度计。

糖度计按照测定方法分为手持式糖度计和数显糖度计。手持式糖度计使用起来既安全又简单，适合用于果酱的制作。虽然两者价格上相差不大（以中糖度计为准），但我不推荐购买数显糖度计。原因是，如果不能娴熟地操作数显糖度计，产生的误差范围会比较大，导致果酱制作失败。

手持式糖度计

工具 使用方法

手持式搅拌机

前一章中讲过在制作果酱过程中，手持式搅拌机具有绞碎食材的功能。具体来讲就是把低聚果糖和冷冻水果放到锅里加热、解冻，然后用手提式搅拌机打碎水果。这一过程需注意以下几点：

1. 搅拌机下端的刀头需没入水果 1cm 以上。
2. 先从最低速挡启动，慢慢加快速度。
3. 必须要在停止加热后才能启动绞碎功能。如果在加热过程中使用搅拌机的话，气泡会进入到搅拌机里，导致搅拌机空转，无法绞碎果肉。

糖度计的使用方法

手持式糖度计

使用手持式糖度计时，先取一滴待测果酱置于棱镜上，检查有没有种子或果粒等，如果没有，盖上盖板，进行糖度的测定。只有在明亮处测量才能看清棱镜上的数字。棱镜上显示两种颜色，这两种颜色之间的分界处即为果酱的糖度值。

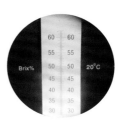

数显糖度计

打开糖度计的电源，取一滴水置于测定板上，按零度键，使糖度计显示零度。用柔软的纸巾擦干水分，然后取少许待测果酱置于侧定板上，按测定键之后读取数值即可。（如果水分或果酱未彻底擦干净的话，测定的糖度值会产生一定的误差。）

使用木铲搅拌的方法

制作果酱时用木铲搅拌的技术极为重要。也许有人会问"用木铲搅拌难道还需要技术吗"，就像我反复强调的，即使用完全相同的材料制作果酱，但果酱的品质会随着铲子和锅、用铲子搅拌的技术不同而千差万别。用木铲如何搅拌可以说决定着果酱的命运。

那么我们详细说明一下如何使用木铲搅拌这门技术。首先拿着木铲，使木铲前部倾斜 15°~20°，从上向下刮锅底。然后顺着锅侧壁立起木铲，调整木铲的角度不断搅拌。假若你熟练掌握了这一方法，那么你就能在持续大火加热的情况下制作出果

酱来了。如此一来也就能在更短的时间内做出果酱。加热时间变短，不仅可以节省时间，还能让果酱更新鲜，更富含营养价值。

TIP ▶▶▶ 搅拌时木铲一定要接触到锅底，这样才能最大限度防止粘锅底而产生糖稀味儿。

玻璃瓶的干燥、真空和杀菌处理

蒸煮玻璃瓶为了干燥还是为了杀菌？

但凡介绍制作果酱的书籍、网上论坛或博客上关于果酱制作的文章，上面都会无一例外地要求沸水蒸煮玻璃瓶，认为这样能起到杀菌作用。

果酱装瓶之前杀菌有意义吗？确切来说在沸水中煮玻璃瓶并非为了杀菌，而是使玻璃瓶完全干燥。请大家想想，刚刚做好的果酱温度大约在100℃，这跟沸水没什么两样，有必要为了杀菌特意蒸煮玻璃瓶吗？

当然，煮玻璃瓶并使之完全干燥是必需的。我想说的事实是煮玻璃瓶的目的并不是为了杀菌。像这样准确理解一个个的概念十分重要。因为只有理解了其中的原因，才能在制作过程中不犯致命性错误。抱着杀菌的目的去煮玻璃瓶，煮完之后自然而然地就会把瓶口朝下待水分蒸发，这样不会进去尘土。但是，瓶内的水蒸气无法得到完全蒸发，瓶内就会留下水分。因此煮完之后为使水分完全蒸发，一定要将瓶口朝上放置，不要盖上瓶盖。

为什么一定要让水分蒸发掉呢？因为没有了水分，微生物就很难生存。只有这样，果酱才能长时间保存。假如玻璃瓶内有残余的水分，就会与果酱混合，导致糖度降低，这就相当于为微生物的繁殖提供了良好的环境。

因此盛装果酱之前必须要干燥玻璃瓶，把这一过程看作杀菌是有些勉强的。因为完全可以彻底清洗并使之完全干燥，何必非要煮呢？

可是又不能总是清洗并干燥玻璃瓶，为了应对这一问题，为大家介绍煮玻璃瓶和干燥玻璃瓶的方法。

首先把玻璃瓶放入锅中。这里要注意的是，玻璃瓶要斜放在锅底部，瓶子的侧面要接触锅底（六角瓶、四角瓶等有棱角的瓶子除外）。如果瓶口或瓶底接触锅底的话，随着温度升高，玻璃瓶会翻动，导致破损。

锅里的水煮沸后如果想让气泡慢慢冒出，可以将玻璃瓶的圆侧面横放在锅底。

这样放的话，完全可以叠放 2~3 层一次性煮。但玻璃瓶也不能放太多，起码要保证能盖上锅盖。

最后往锅里倒水，水量不需要没过所有玻璃瓶，只要倒入 2~3cm 高度的水就可以。水煮沸后冒出大量水蒸气把热量充分传导给玻璃瓶，

不可取的做法

可取的做法

所以这一步骤很快就能完成。瓶里装上水再煮的话，要盖上瓶盖加热。水开始沸腾后改中火加热 3~5 分钟即可。

关上火取出玻璃瓶，把里面的水轻轻倒出，瓶口朝上，放置于盘子上。制作果酱期间瓶子内部的水分基本就能完全晾干了。

TIP ▸▸▸ 虽然玻璃瓶加热煮几次不会发生大问题，但瓶盖千万不能煮。因为瓶盖内部边缘是用橡胶做的，橡胶起到真空密封的作用。和瓶盖接触的瓶口部分从外观看起来很平滑，但上面有很多细微的缝隙和螺纹部分。橡胶圈的作用就是把这些地方密封得紧紧的，隔断与外界空气的接触。果酱装入玻璃瓶，在杀菌过程中要受热密封，但由于之前反复加热，导致瓶盖无法发挥它的密封功能。瓶盖用水洗净后放在通风处干燥，或者用空气喷雾器去除异物。

瓶盖的橡胶圈

真空与杀菌

真空

从市面上买果酱的话，打开瓶盖后一定要查看保存状态。如果打开瓶盖的瞬间伴随"砰"的声音，表示保存状态良好。"砰"的声音是一种信号，潜台词就是"从现在开始要解除真空了"。所有的果酱为了安全保质都要真空密封。那么现在我们来了解一下真空。

首先思考一下为什么要真空密封呢？顾名思义，真空就是阻断外界空气，使瓶中的空气完全排出。这样微生物就不能通过外部空气进入到瓶里了。真空原理来自于热胀冷缩理论。

右图是滚热的果酱装瓶时的视觉效果图。大家可以把最上边的蓝色部分看作瓶盖，白色部分看作空气层，红色部分为果酱。图中最上面的蓝色部分是不是稍微往上鼓起来？这是果酱一装瓶就盖上瓶盖时的状态。

右图是等玻璃瓶渐渐降温后，果酱体积缩小的视觉效果图。当然实际上果酱体积并不像图中显示的那样会严重减少，这里是为了让大家看清楚，故意把图标注得有些夸张。在这幅图中大家发现蓝色瓶盖向下凹了吧？这是因为果酱体积缩小，上面的空气下压形成了真空。

T I P ▸▸▸ 在真空密封时需要格外注意一点，那就是装果酱过程中确保果酱不降温。假如降温了，那是外部环境温度和瓶内温度相差太多引起的。因此，最好装瓶前先查看瓶子是否充分受热。制作少量果酱时，可以把瓶子放入微波炉加热。若是制作大量果酱的食品公司，可以把果酱放入工业用保温柜，维持瓶子的温度。

杀菌

果酱开封后还不到三四个月就发霉了，这样的事大家可能遇到过吧。导致变质的原因可能是果酱甜度低，或者杀菌、真空包装未处理好，造成瓶内的微生物生长繁殖。

关于杀菌方法，大家也许听过很多了。介绍本书中的杀菌方法之前，我们先了解一下常用的杀菌方法吧。

关于杀菌，很多人都知道装好果酱盖紧瓶盖倒扣的方法。这样热量可以直接传导给瓶盖上的橡胶圈，由于热胀，橡胶圈与玻璃瓶贴合更紧密，阻住空气，达到真空效果。但这种方法也存在弊端。倒扣瓶子的同时，空气可能形成更大的气泡上升，很难起到对气泡内部的微生物杀菌的作用。而且瓶嘴部分还会粘上很多果酱。

另一种方法是不倒扣玻璃瓶，而是果酱装好瓶后浸入水中煮。如果瓶内的果酱温度比水温还要低，煮的过程中果酱和空气受热膨胀，会使瓶盖朝外鼓起来。这样就在瓶盖橡胶圈和玻璃瓶中间，为空气提供了通路，无法形成真空，甚至严重的话，导致瓶盖破损，彻底解除真空。

真心诚意费了一番心思之后做出的健康美味果酱，假如因为杀菌环节出了问题造成果酱腐坏的话，那得多可惜呀！下面我将为大家推荐一种靠得住的杀菌方法。

首先果酱装瓶后立即盖盖。有些人担心瓶盖上凝结水珠，会等蒸汽往外冒冒之后再盖。其实这样做是毫无必要的。瓶盖上的水珠过几天自然而然就会渗入到果酱中。冒气时导致果酱温度下降，反而形成不了真空。

果酱盖盖后竖着整齐放置在锅里（或洗碗台上）。（绝对不可堆放两层，只有均匀顺畅地传热才能达到很好的杀菌效果。）

然后往锅里倒足够多的热水（夏季水温要在 85℃以上，冬季 90℃以上）。水的高度一定要完全没过瓶盖。

过 3~5 分钟取出玻璃瓶，然后再往锅里倒凉水，使热水和凉水混合，降低水温到 30℃~40℃，再次把玻璃瓶放到锅里。果酱变凉温度下降，这时瓶盖会发出啪啪声，这样真空就形成了。只有彻底形成真空，外部空气里的微生物才无法侵入到瓶子里。以糖度为 60~65 白利糖度值的果酱为准，这种杀菌方法可使果酱保存半年到一年没有问题。（原料主要成分为蛋白质和淀粉的除外。）

制作果酱的程序

称量食材

　　准备冷冻水果、糖（低聚果糖）、酸（柠檬汁）、果胶等原材料。

　　分别把冷冻水果和糖盛入盆里，酸和果胶装到纸杯里，称它们的重量。

冷冻水果的解冻

　　将低聚果糖和冷冻水果盛到锅里，中火加热至解冻。

　　只放冷冻水果加热的话，水分不能充分流动，很容易外皮已经煮糊了，水果内部还是冻着的。因此必须要放适量的液体糖——低聚果糖在里面。低聚果糖在低温条件下会凝固成坚硬的糖稀，但加热之后温度上升化成很稀的糖水。等到锅中央开始冒小气泡，就表示成功解冻了。

TIP ▶▶▶ 加热解冻过程中，用木铲慢慢搅拌锅里的水果和低聚果糖，这样能最大限度地稀释糖稀味儿。果酱放入工业用保温柜，维持瓶子的温度。

搅碎材料

微微倾斜锅，使解冻好的水果和低聚果糖流到锅的一侧，然后用手持式搅拌机将水果搅碎。首先低速启动搅拌机，渐渐加快速度。搅拌机下端的刀头最少要没入水果 1cm 以上再启动，这样做能防止搅碎过程中果泥四溅。鉴于产品的安全性，本书中介绍的所有果酱的制作过程都遵循尽可能把食材打细打碎的原则。这么做是由于渗透压果酱做好后水分会从果肉里蒸发出来，防止果酱产生"离水现象"。

"离水现象"产生后，积水的地方糖度会降低，而且还为微生物生存提供适宜环境。市面上卖的比较稠的果粒果酱一般是放入糖，经过渗透过程，糖会自然而然渗入水果内部。

搅拌果胶

材料搅碎成果泥后，再次大火加热。同时用木铲不停搅拌，尽可能稀释糖稀味儿。果泥开始沸腾后减至中火，把准备好的果胶一点点撒入，搅拌均匀。如果想检查果胶是否稀释均匀，最好暂停加热，等到不冒气泡的时候检查。

TIP ▶▶▶ 用木铲搅拌时要讲究技巧，动作非常熟练的话，尽量保持用大火加热煮沸，看到有大量气泡往上冒，这时慢慢调小火，使停止沸腾。

观察微小泡沫

假若没有糖度计，可以用肉眼观察果泥表面的微小泡沫。除草莓和菠萝之外的水果，糖度达到55~65白利糖度值（以糖度计为准）时，泡沫才能完全消失。（根据水果情况和种类会有细微变化。）

酸的添加

果胶均匀充分稀释到果泥中后，最后再放入酸搅匀。为何先放果胶后放酸呢？还记得前面我们讲过果酱三要素之一的果胶起到凝胶剂的作用吧？为了最大限度发挥它的这一作用，要保证糖度在65白利度，酸度在pH2.8~3.5。先放酸的话，就具备了果胶充分发挥凝胶作用的环境和条件，一放入果胶，马上就会凝固，就再也难以稀释开了。鉴于此，必须最后放酸。

T I P ▶▶▶ 先放酸或者与果胶同时放入的话，可以用肉眼观察果胶在煮沸的锅里稀释融合的程度。如果稀释得不充分，可以使用手持式搅拌机将其打碎。但要注意不要长时间转动搅拌机。

去除浮沫

前面我们讲过，煮的过程中产生的浮沫会慢慢自行消失。但也存在例外，做草莓果酱时产生的浮沫一般不会自动消失。稍微带点浮沫并不会影响果酱的健康安全。倘若你很在意，或做出来打算送人的话，果酱外观就减分了。糖度达到了60白利度，仍然有浮沫的话，就需要除去。

30

糖度的测定

糖度为 60~65 白利糖度值是最合适的。但假如你以销售为目的制作果酱，考虑到产品的安全保质，最好在此基础上提高糖度，保证至少达到 60 白利度。

装瓶

果酱达到合适的糖度和浓稠度就可以装瓶了。首先检查玻璃瓶内还有无水分，并试试玻璃瓶的温度。另外，还要注意一点！果酱不要装得过满，装到瓶颈下方的部分（瓶颈和瓶身中间的界线）正好。如果装不到这个地方，就无法达到有效的真空密封效果，超过了此界线，密封得又太紧，导致瓶盖难以打开。

盖瓶盖

果酱装瓶后立即盖盖，如果等到果酱温度降低再盖，就不能很好地密封，就算真空密封了，也不彻底。

杀菌

将装瓶的果酱整齐放到锅里（或洗碗台），往锅里倒足够多的热水，水的高度一定要完全没过瓶盖，开始蒸煮。再次强调一遍，如果不盖上盖子的话，热量传导不充分，起不到杀菌效果。不能叠放两层玻璃瓶也是出于相同原因。杀菌过程持续 3~5 分钟即可。

擦干水分

　　杀菌完毕取出果酱瓶，瓶身上肯定沾有水分吧。如果任由它自然晾干的话，瓶盖部分会留下许多水渍。从锅里（或洗碗台）取出果酱瓶后要马上用干毛巾擦干瓶子。擦的时候要记得一点，由于果酱温度很高，处于凝胶过程，因此不要倾斜瓶身，必须保持瓶身竖立着擦干。

手工果酱
制作公式

在研究果酱及开发新品过程中我对果酱的思考越来越多。突然有一天脑子里闪现一个问号，制作果酱时必须要有食谱才行吗？

我小时候，那时网络上没有制作果酱的方法，书店里也没有关于果酱的制作食谱书籍，但母亲不是照样做果酱，而且做得得心应手。多放水果，少放糖的话，要煮很长时间才能使果酱熬稠；多放糖少放水果，短暂加热至糖完全融化为止，这两种情况都能做成果酱。实际上，不管材料怎么搭配，都能做成果酱。

我认为制作果酱时最重要的是果酱的味道和营养。大家想想，好不容易用心做了很多，但结果是果酱要不太甜，要不太没味道，再加上没有一点营养成分的话，做出的果酱还有什么价值可言？真是白费功夫了。所以我得出这样的结论：要想使果酱美味又营养，各种材料的比例必须搭配好。下面要讲到的手工果酱制作公式实际上就是集中在搭配比例上。只要各种材料的比例搭配好，就能保证果酱的味道。

那么如何让果酱的浓稠度正好合适呢？其实完全不必担心这一问题。如果觉得果酱太稀的话，继续加热让水分蒸发一些就可以。相反，如果像糖稀一样太稠太硬的话，再添加点水，加热一会儿即可。果酱，就是这样一种东西，只要肯花时间和心思，想做坏都难。但第一章中我强调过一个重要事项，大家还记得吗？煮的时间越长，营养成分流失越多。对，正是这一点。所以，最好一次性制作短时间内就能吃完的果酱，这样也能省时。熬煮时间过长，或煮完再加水去调节稠度的话，果酱的风味和营养必定会受影响。

反复试验，走了很多弯路后，我发现用糖度计去测定糖度对果酱的制作来说是最好的选择。用糖度计去测定糖度，下次再做同样的果酱时，只要加热至糖度计上显示的糖度，就可以关火装瓶了。因此我建议经常做果酱的朋友，一定要去买一支糖度计。

接下来，我要正式向各位介绍在数百种果酱的研究制作过程中悟出来的"果酱制作公式"。

水果果酱制作公式

总量 = 原料（水果）量 + 低聚果糖的量

糖与原料的比例

　　糖（低聚果糖）的重量与水果重量相同。

　　即，搭配比例为 1 ： 1。

酸与原料的比例

　　酸的量相当于总量（水果 + 低聚果糖）的 1%（以柠檬汁为准）。（根据每个人口味爱好可适当调整，最多放入 3%。）稍微增加酸的含量，就能做出酸酸甜甜的果酱，提高口感。做果酱时常用的柠檬汁本身香味很浓，如果放太多，反而会掩盖原料的香味。

　　即，酸与总量的比例为 0.01~0.03 ： 1。

果胶与原料的比例

放入的果胶量相当于总量（水果 + 低聚果糖）的 0.3~0.5% 即可。

即，果胶与总量的比例为 0.003~0.005 ： 1。

那么，哪些水果放入 0.3% 的果胶，哪些放入 0.5% 的果胶呢？一般来说，水果本身富含果胶的话，不需要另添加果胶。比如，代表性的水果是香蕉。但是，我们又不是研究水果的专家，怎么能知道每种水果的果胶含量呢？这里告诉大家一种简单的辨别方法。先把准备做果酱的水果放嘴里嚼一嚼，如果嘴里留下黏滑的感觉，那么放入 0.3% 的果胶，如果吃完嘴里很清爽，那么放入 0.5% 的果胶。

当然 0.3 和 0.5 这两个数值也并非完全绝对的。根据加热时间，等到果酱形成浓稠状的凝胶之前，有充分时间去调节果胶的分量，没必要因为这两个数字而感到负担。

水果果酱直通车 → 蓝莓果酱（第48页），树莓果酱（第56页），菠萝果酱（第66页），
　　　　　　　 香蕉果酱（第74页）

TIP ▶▶▶ **新鲜水果 VS 冷冻水果，哪种更适合做果酱？**

草莓是春天上市的水果，秋冬季一般不上市，但为什么去超市一年四季都能买到草莓果酱？这是因为果酱公司制作草莓果酱时用的是冷冻草莓。那大多数的果酱公司为何都使用冷冻水果呢？因为价格便宜？关于其中的原因，我们有必要详细分析分析。

当我在"烹调教室"问到"新鲜水果和冷冻水果哪种做果酱更佳"这一问题时，大多数朋友都回答是新鲜水果。但是朋友们，综合各自的优缺点，还是冷冻水果更适合做果酱的材料。现在开始让我们逐条分析一下其中的原因吧。

第一，果酱是长保质期食品，使用冷冻水果可以延长保质期。

水果里撒入糖一起加热的话会发生渗透作用，造成水果脱水，水分受热而蒸发，脱水后的水果作为原料用于制作果酱。也就是说，为了做果酱，需要把水果里含有的水分分离出来，让糖分充分渗透入果肉。与紧致的鲜水果果肉组织相比，化冻后的水果内部组织空隙变大，更容易分离水分，吸收糖分。置于室温的草莓与从冷冻室拿出来解冻后的草莓，大家想想两者的状态，是不是就理解这一点了？

另外，用鲜水果制作的果酱经过长时间保存后，由于渗透作用，水分分离出来，发生"离水现象"，导致果酱和水分分离。

第二，冷冻水果易于保存。

制作果酱过程中，只有缩短加热时间，才能最大限度地减少营养成分的破坏。制作少量果酱时，水果很可能会剩下。所以最好的做法是，事先把做果酱需要的水果单独放进冷冻室保存。这样分量不够的话也能立即从冷冻室取出用。

家用冰箱一般不采用急冷装置制冷，而是逐渐冷冻食物。冷冻过程中，果汁和果肉就会慢慢分离，果汁也会分成多汁和少汁两部分。为了解决这一问题，尽量一开始从材料的保存就要多加注意。我建议这样做，把完全打碎的水果以100g为单位，盛到保鲜袋里，然后放冷冻室保存。如此，制作果酱时就不用再称量水果材料的重量了。简单来说，取出需要的冷冻水果量，必须要放于室温下化冻，这个过程中会产生大量水分。本来100g的冷冻水果，化冻后产生水分的水果重量必定多于100g。因此水果重量的称量很难做到丝毫不差。

第三，冷冻水果更容易买到。

非当季的鲜水果价格高，需要花更多的钱才能买到，还有可能在市面上根本就买不到。相反，冷冻水果在大型超市或食品超市很容易买得到。

以上列举了冷冻水果的优点。这不是说用冷冻水果没有缺点，冷冻水果做出来的果酱果香味不如鲜水果做出来的浓郁，色泽看上去也发暗。

总之，要想做出来的果酱更安全，保质期更长，那就选用冷冻水果。如果想短时间内吃完，做少量果酱的话，不妨选用新鲜水果。

蔬菜果酱制作公式

糖与原料的比例

糖（低聚果糖）的重量与蔬菜重量相同。

即，搭配比例为 1 ： 1。

（如果材料是肉质紧密、水分少的胡萝卜，糖与胡萝卜的比例应在6：4左右。）

酸与原料的比例

酸的量相当于总量（蔬菜 + 低聚果糖）的 2%~5%（以柠檬汁为准）。

即，酸与总量的比例为 0.02~0.05 ： 1。

酸的添加量随蔬菜种类的不同而不同。如果蔬菜本身有很浓的土腥味，可放入 5% 的酸，反之，放入 2% 就可以了。

有的蔬菜本身就发出土腥味，也有的蔬菜本来没有，加热过程中产生了土腥味。为了掩盖住土腥味，必须要放入比做水果果酱时更多的酸。除了柠檬汁，还可以选用苹果醋或柠檬酸来调节果酱的味道。

果胶与原料的比例

放入的果胶量相当于总量的 0.5%。

即，果胶与总量的比例为 0.005 ： 1。

与水果相比，蔬菜中的果胶含量少，因此需要增加果胶的用量。

蔬菜果酱直通车→彩椒果酱（第82页），青阳辣椒果酱（第90页），黄瓜果酱（第98页），大蒜果酱（第106页）

野菜果酱制作公式

糖与原料的比例

糖（低聚果糖）量，需要准备为干野菜的 15 倍。

即，糖与野菜的搭配比例为 15 ：1。

（由于野菜经过晾干，水分散失，重量减至原来的五分之一到七分之一。干野菜与水果相比组织坚硬得多，必须要加入足够多的低聚果糖。）

酸与原料的比例

酸的量相当于总量（野菜 + 低聚果糖）的 1.5%（以苹果醋为准）。

即，酸与总量的比例为 0.015 ：1。

（野菜的种类多，相应的特性也多种多样。比如，有像蕨菜一样发出土腥味的野菜；也有像东风菜一样清淡爽口的野菜。像蕨菜这样土腥味强的野菜，可以使用苹果醋。至于东风菜，与做水果果酱时一样，放入柠檬汁即可。）

果胶与原料的比例

果胶量放入相当于总量的 0.5% 左右即可。

即，果胶与总量的比例为 0.005 ：1。

虽然野菜里基本不含果胶，但制作野菜果酱时放入相当于总量 0.5% 的果胶，就能调好果酱的浓稠度。这是因为增加了低聚果糖的缘故。之前我们讲过果胶和糖的量正好成反比，记起来了吧?

野菜果酱直通车 → 蕨菜果酱（第114页），东风菜果酱（第122页）

主要成分为
蛋白质、淀粉的果酱制作公式

糖与原料的比例

要放入的糖量（低聚果糖）应为原料的两倍。

即，糖与原料的搭配比例为 2 ： 1。

（济州岛有一种传统食品，叫野鸡麦芽糖。熬麦芽糖时，把野鸡煮熟后鸡肉切细，放入麦芽糖里一起熬煮制作而成。野鸡麦芽糖可以长时间存放，是济州岛的传统滋补品。野鸡肉里含有丰富的蛋白质，怎么能做成长久存放的食品呢？这要归功于糖的使用。果酱里一般不特意添加防腐剂。这是利用了糖度越高，微生物越难繁殖的原理。要想使用主要成分为蛋白质的食材做果酱，就得效仿野鸡麦芽糖的做法，必须确保糖度足够高。因此放入的糖量自然就比其他果酱要多。）

酸与原料的比例

酸应放入相当于总量（蛋白质、淀粉 + 低聚果糖）3% 左右的酸（以苹果醋为准）。

即，酸与总量的比例为 0.03 ： 1。

（放入大量低聚果糖甜味很浓的情况下，主材料的味道很可能被掩盖住。为了弥补这一点，需要增加酸的使用量。因为酸能提味，增强材料原有的香味。）

果胶与原料的比例

果胶量放入相当于总量的 0.5% 即可。

（主要成分为蛋白质的食材和野菜一样，几乎不含果胶。但只放入相当于总量0.5%的果胶，就能保证果酱浓稠度的原因是增加了低聚果糖的量。）

43

主要成分为蛋白质、淀粉的果酱直通车 → 食盐果酱（第130页），荞麦果酱（第138页）

提取法果酱制作公式

糖与原料的比例

要放入的糖量（低聚果糖）应为材料的 5 倍。

即，糖与原料的搭配比例为 5 ：1。

（根据渗透压原理制作提取法果酱，需要加入盖住全部食材的糖。糖量不足盖不住食材的话，提取需花费更长时间。）

酸与原料的比例

放入的酸量相当于低聚果糖的 10%（以柠檬汁为准）。

即，酸与糖的比例为 0.1 ：1。

（用提取方式制作出的果酱同时具有两种口味。刚填入嘴里尝到的是柠檬味，吃完之后尝到的是食材本身的味道。想同时做出两种味道，就必须选用味道浓烈的食材。）

果胶与原料的比例

需放入的果胶量相当于食材的 10%（注意不是食材和糖的总量）。

即，酸与食材的比例为 0.1 ：1。

这时放入的果胶量明显比做其他任何果酱都要多吧？这是因为在提取过程中，食材的果肉等部分要取出，造成凝胶能力比其他果酱使用的食材弱，所以必须要放入大量果胶。

提取法果酱直通车 → 青阳辣椒果酱（第90页）

手工果酱
制作方法

水果果酱
制作方法

  提起果酱，大家肯定会先想到水果吧? 对于目前三四十岁的人来说，小时候都应该有过这样的记忆吧? 初夏时节买一整箱草莓回家，盛在大提桶里用一个长长的铲子，花上几个小时一直不停地搅拌。每到初夏，我也总会想起这样的情景，心里满是快乐和幸福。但是当时做草莓果酱时往里面放了多少糖啊，回想起这些又令人心有余悸。

  关于烹饪，不管做什么都要做得味美，又有益于健康，这应该是烹饪所具备的美德吧。具体到果酱，就是要做得色泽新鲜，香味浓郁，浓稠度正好。

  这一章我们要了解各种水果的特性，以及种类如此繁多的果酱是如何打造而成的,色、香、味、营养一应俱全的奥秘在哪里。

蓝莓果酱

你了解蓝莓吗?

　　提到蓝莓, 大家首先会想到那种酸甜可口的深蓝色果实。蓝莓不仅有着可口的味道, 其营养价值也非常高。世界著名杂志《时代周刊》评出的十大超级健康食品中就有蓝莓。蓝莓果实含有丰富的维生素 C、维生素 E、花青素, 具有强大的抗氧化功能。如果持续食用蓝莓, 能起到保护视力、防止老化的作用。现在去大型超市或水果店里都能很方便地买到蓝莓, 因此自己在家制作蓝莓果酱也就容易多了。与其他水果相比, 蓝莓价格虽贵点, 但如果综合考虑一下它酸甜可口的味道和丰富的营养成分, 就会觉得蓝莓值得让您敞开钱包。

原产地

北美地区

成熟季节

7~9 月份

功效

▶ 恢复视力, 防止视网膜功能衰退

▶ 预防糖尿病及并发症

▶ 防止记忆力衰退和身体衰老

▶ 呵护健康皮肤

▶ 预防便秘

营养成分含量表 (以100g计)

热量	蛋白质	脂肪	碳水化合物	膳食纤维	钙	维生素 A	维生素 C
239.4kJ	0.7g	0.3g	14.5g	2.9g	1mg	5RE	10mg

BLUE
BERRY

49

making

··
蓝莓果酱的制作

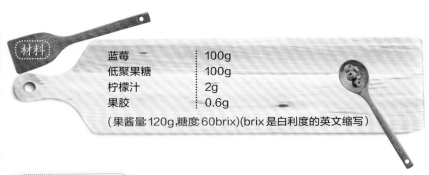

材料	
蓝莓	100g
低聚果糖	100g
柠檬汁	2g
果胶	0.6g

（果酱量:120g,糖度60brix)(brix 是白利度的英文缩写）

玻璃瓶清洗与干燥

1. 把玻璃瓶清洗干净，然后圆侧面向下放在锅内，盛入高度为 1~2cm 的水，盖上锅盖。

   TIP 玻璃瓶若放置不对,煮的过程中易碎,这点务必多加注意! (请参考 24 页)

2. 煮 2~3 分钟消毒。

3. 掀开锅盖取出玻璃瓶，沥干瓶上的水，瓶口朝上放置，晾干备用。

材料的处理

1. 将蓝莓在流动的水中冲洗干净，把变质或破损的挑出来。

2. 将洗净的蓝莓沥干水分后放入冷冻室保存。（如果想制作在短时间内吃完的少量果酱，那么建议您用新鲜蓝莓。）

3. 使用新鲜蓝莓的时候，请将低聚果糖和蓝莓同时放在榨汁机中，打成果粒细腻的果汁。

   TIP 放入低聚果糖一起打的话，蓝莓能打成更加细腻的果汁。

❶ 把冷冻蓝莓和低聚果糖放入锅里加热解冻。加热过程中要不停搅拌，以防成团粘锅而烧焦。

TIP 如果不搅拌，低聚果糖会烧焦，发出的糖稀味儿会浸入蓝莓果酱里，影响果酱的醇正味道。

❷ 锅中央开始煮沸冒气泡时关火。

❸ 微微倾斜锅，使里面的蓝莓流到锅一边，然后用手持式搅拌机将蓝莓彻底搅碎。

TIP 把搅拌机下端的刀头放入蓝莓中 1cm 以上，先低速挡启动，慢慢加快速度来搅碎果肉。若搅拌机下端的刀头未完全没入其中，或从一开始就高速挡运转的话，果肉果汁很容易溅出来。如果未关火，正在煮沸过程中使用搅拌机的话，容易导致搅拌机空转。

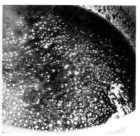

❹ 搅碎后继续加热，同时用木勺匀速搅拌，注意不要让果酱粘在锅侧壁上。

TIP 加热时最热的部位是哪里? 是锅的侧壁，而不是锅底!

❺ 当果泥开始煮沸时放入果胶，继续搅拌使两者混合均匀。注意放果胶时要一点点地撒入，同时用木勺不停搅拌，防止果胶结块。

❻ 果胶和蓝莓汁液完全混合均匀后滴入柠檬汁，继续加热，当气泡由小变大，或糖度计数值达到 60brix 时停止加热。

装瓶保存

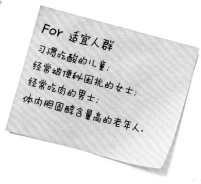

请装到这里为止噢!

1. 果酱做好后应立即装入干燥的瓶子内。

   装入的量不要过满,到瓶颈和瓶身之间的界线为止。

2. 用抹布把果酱装瓶过程中沾到瓶颈或瓶身上的果酱擦干净。

3. 装完之后应马上盖瓶盖。

   TIP 在果酱温度下降之前,必须要盖紧盖子,才能形成真空状态。趁热立即盖,瓶盖里面会结露珠,1~3 天后水分自动吸收到果酱里,因此不需要担心里面有微生物繁殖。

杀菌

请参照第 31 页。

冷却与真空密封的检查

1. 密封装瓶的果酱要放于室温中冷却到 30℃,再浸入冷水中。

2. 确认瓶盖完全密封好(发出啪啪的声音)之后,再从冷水中取出。

保质期和保存方法

按照以上食谱做出的蓝莓果酱(以大于60brix值为准)可以保存6个月以上。但是从开瓶那一刻起空气中的微生物很可能会进入瓶中,为防止果酱变质,开封后务必放入冰箱中冷藏保存。

For 适宜人群

习惯吃酸的儿童;

经常被便秘困扰的女士;

经常吃肉的男士;

体内胆固醇含量高的老年人.

52

enjoying
蓝莓果酱这样吃

1. 抹在面包、饼干上，尽情品味蓝莓本身的香气和美味！
2. 吃烤五花肉、炸鸡、油炸小吃等油腻食品时，用蓝莓果酱加以搭配，蓝莓的酸甜爽口可以助你开胃，去油腻。
3. 取适量果酱加到原味酸奶中，于是，酸酸甜甜的蓝莓酸奶诞生了!（我们制作的果酱比市面上销售的果酱浓稠度低，可以与家里自制的酸奶均匀地混合。）

taste
蓝莓果酱的味道

酸味 蓝莓果味浓郁，香气宜人，加上柠檬汁的酸，两种味道很好地融合，口感微酸。

甜味 我们做的蓝莓果酱比市面上卖的果酱糖度低，甜味不那么浓。蓝莓本身的香气融于糖，与其他果酱相比甜度要低。

香味 柠檬汁与蓝莓完美融合，酸甜爽口，香味比其他果酱浓郁。

原味 柠檬汁的酸味进一步烘托增强了蓝莓本身的香，因此果酱里能吃出蓝莓的原汁原味。

色泽 魅力的紫色，让人想到成熟的葡萄。

浓度 比市面上卖的果酱浓度低。

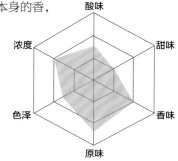

树莓果酱

你了解树莓吗?

树莓在欧洲、北美、中国等地均有分布。大家听说过闻树莓的香味能分解脂肪、抑制食欲吗? 树莓含有丰富的花色素苷和多酚等, 能有效防止黄褐斑、雀斑的生长, 具有美容功效。富有水溶性膳食纤维, 能减轻便秘, 降低血液中的胆固醇。而且树莓中的 Omega-3 含量比任何一种水果都丰富, 具有防止细胞老化的作用, 并能抗癌, 提高肌体免疫力。

市面上销售的树莓一般不是鲜果, 而是冷冻过的, 果实基本都呈红色。除了红树莓外, 据说还有白树莓和黑树莓。其中黑树莓对预防食道癌具有显著效果。

说起树莓, 不知为什么会很自然地认为是西方的水果, 但这一名称的准确含义是树莓类水果的统称。因此做树莓果酱时可以选用山莓(韩国的)做主材料。

分布地区

欧洲、北美、中国等地

成熟季节

7~8 月份

功效

▶帮助减肥（抑制食欲、热量低）

▶防止黄褐斑、雀斑, 呵护皮肤

▶降低血液中的胆固醇

▶具有抗癌作用, 增强免疫力

▶预防便秘

营养成分含量表 (以100g计)

热量	蛋白质	脂肪	碳水化合物	膳食纤维	钙	钠	钾	维生素A	维生素C
134.4kJ	1.3g	0.4g	6.7g	2.9g	21mg	2mg	130mg	17RE	28mg

RASP
BERRY

57

making

树莓果酱的制作

材料

树莓	100g
低聚果糖	100g
柠檬汁	2g
果胶	0.6g

（果酱量：130g，糖度：60brix）

玻璃瓶清洗与干燥

1. 将玻璃瓶洗净，圆侧面朝下放入锅里，盛入高度为 1~2cm 的水，盖上锅盖。

   TIP 玻璃瓶若放置不对，煮的过程中易碎，这点务必多加注意！（请参考 24 页）

2. 煮 2~3 分钟消毒。

3. 掀开锅盖取出玻璃瓶，沥干瓶子上的水，瓶口朝上放置，晾干备用。

材料的处理

在流动的水中把树莓冲洗干净，把变质或破损的挑出来。

   TIP 树莓在水中浸泡 30 秒以上，果肉中含有的维生素 C 溶解，从果肉中分离。因此应在最短的时间内尽快冲洗树莓。

❶ 把冷冻树莓和低聚果糖放入锅里加热解冻。加热过程中要不停搅拌，防止成团煳锅。

TIP 如果不搅拌，低聚果糖会烧煳，发出的糖稀味儿会浸入果酱里，影响果酱的味道。

❷ 当果泥开始煮沸时放入果胶，继续搅拌使混合均匀。注意放果胶时要一点点地撒入，同时用木勺不停搅拌，防止果胶结块。

TIP 树莓从特性上不需要用搅拌机打碎，熬煮过程中能自然而然地融化。

❸ 继续加热，用木勺匀速搅拌，以防果泥成团烧煳。果胶和果泥混合均匀后，加入柠檬汁，继续加热。

❹ 当气泡增大增厚，或糖度计数值达到 60brix 时停止加热。

装瓶保存

请装到
这里为止噢!

1. 果酱做好后应立即装入干燥的瓶子内。

   装入的量不要过满，装到瓶颈和瓶身之间的界线为止。

2. 用抹布把果酱装瓶过程中沾到瓶颈或瓶身上的果酱擦干净。

3. 装完之后应马上盖瓶盖。

   TIP 在果酱温度下降之前，必须要盖紧盖子，才能形成真空状态。趁热立即盖，瓶盖里面会结露珠，1~3 天后水分自动吸收到果酱里，因此不需要担心里面有微生物繁殖。

杀菌

请参照第 31 页。

冷却与真空密封的检查

1. 密封装瓶的果酱要置于室温中冷却到 30℃，再浸入冷水中。

2. 确认瓶盖完全密封好（发出啪啪的声音）之后，从冷水中取出。

保质期和保存方法

　　按照以上食谱做出的树莓果酱（以大于55brix值为准）可以保存6个月以上。但是从开瓶那一刻起空气中的微生物很可能会进入瓶中，为防止果酱变质，开启后务必要放入冰箱中冷藏保存。

For 适宜人群

习惯吃甜果酱的儿童;
注重苗条身材和皮肤保养的爱美女性;
想延缓衰老·提高抗癌能力的老人.

enjoying

树莓果酱这样吃

1. 抹在面包、饼干上，尽情品味树莓本身的香气和美味！

2. 取适量果酱加到原味酸奶中，于是，酸酸甜甜的树莓酸奶诞生了！（我们制作的果酱比市面上销售的果酱浓稠度低，可以与家里自制的酸奶均匀地混合。）

3. 拌蔬菜沙拉时，可以试着用树莓果酱代替沙拉酱。酸甜清爽的树莓果香与水、醋、蔬菜完美结合，为您呈现别具风味的蔬菜沙拉。

TIP ▶▶▶ 用树莓果酱如何制作玫瑰酱？

大家听说过玫瑰酱吧？世界上许多国家都有制作玫瑰酱的历史。玫瑰酱，很多人都以为玫瑰花是主要用料。其实不然，玫瑰酱是在某些特定的果酱中按照一定比例添加干玫瑰粉末而制成的。

如果有想做玫瑰酱的朋友，我推荐您做树莓果酱。为了开发玫瑰酱，我曾尝试过很多种果酱，在果酱里添加食用干玫瑰。经过试验比较，不管从味道，还是色泽等方面，最适合做玫瑰酱的就是树莓果酱了。

那么在树莓果酱里要放多少食用干玫瑰合适呢？所有要添加（干）香草的果酱，其中香草的比例是全部用料的 1%。假如超过这一数值，很可能果酱就变得跟化妆品一样花香扑鼻了。大家一定要记住，不光是玫瑰酱，做任何添加香草的果酱时都要按照最多 1% 的黄金比例。这点对做其他香草果酱都是适用的。第二个问题，干玫瑰在果酱制作过程中什么时候添加？一般来说都在最后一道程序中添加，这样做可以防止玫瑰花香减弱。放入柠檬果汁熬煮果酱过程中，发现有大气泡生成时就可以放干玫瑰了。此外还要注意，添加干玫瑰之前，一定要用搅拌机将其打碎，这样做是为了防止果酱中残存口感如同嚼口香糖的玫瑰花瓣。

taste

树莓果酱的味道

酸味　树莓本身的酸味，加上柠檬汁的酸，两者演绎出来的酸甜爽口是任何
水果都无法比拟的。（树莓的酸与柠檬果汁的酸味道是不一样的，因
此要加入柠檬果汁。）

甜味　树莓果酱比其他水果糖度低，酸味重，不怎么甜。

香味　通常情况下酸味重可以强化香味，但树莓发出的香气有抑制食欲的效
果，因此香味比较弱。

原味　大家如果吃过鲜树莓果实，肯定觉得树莓的味道是一种淡淡的酸味。
从鲜树莓里很难品味出香气。但制作成果酱后，由于添加了柠檬果汁，
柠檬汁的酸味进一步烘托增强了树莓本身的香。

色泽　散发出鲜艳的红色，增加食欲。

浓度　比其他果酱浓度高。果酱制作完毕后，测糖度值如果超过 55brix 值，
果酱很可能变得非常硬。家里自制的话，最好在果酱浓度不高的时候
停止加热。

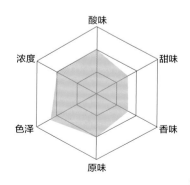

菠萝果酱

你了解菠萝吗?

因为菠萝外形长得像松果 (pinecone),味道跟苹果 (apple) 差不多,故两个单词缀合为 pineapple。凭着个性张扬的外形和酸甜可口的果肉, 菠萝成为一种能紧紧抓住人们味蕾的水果。如此富有魅力的菠萝究竟有什么营养成分呢?

首先, 菠萝是一种低卡路里水果, 100g 果肉仅含 96.6kJ 左右的热量, 一次吃下整个菠萝,也抵不上一顿饭的热量。菠萝营养丰富,含有维生素 A、维生素 C、维生素 B, 能有效促进新陈代谢, 缓解疲劳。尤其是对于喜欢吃肉的朋友, 菠萝是一种非常有益于健康的水果。菠萝还含有一种叫菠萝蛋白酶的成分,属于蛋白质分解酵素, 有助于蛋白质的分解利用, 降低体内的胆固醇含量。总之, 菠萝是一种营养价值极高的健康水果。

原产地

中美地区、南美洲北部

成熟季节

7~8 月份

功效

▶减肥良方（低热量）

▶助消化吸收（含有的菠萝蛋白酶是一种蛋白质分解酵素，帮助消化）

▶降低体内胆固醇含量

▶缓解疲劳，恢复体力（富含维生素）

营养成分含量表 *(以100g计)*

热量	蛋白质	脂肪	碳水化合物	膳食纤维	钾	维生素A
96.6kJ	0.5g	0g	14.9g	1.6g	102mg	52RE

PINE
APPLE

67

FRUIT
JAM

making

菠萝果酱的制作

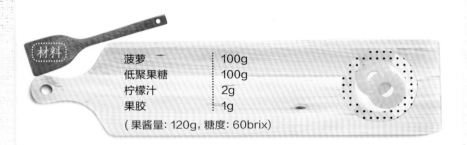

材料

菠萝	100g
低聚果糖	100g
柠檬汁	2g
果胶	1g

（果酱量: 120g, 糖度: 60brix）

玻璃瓶清洗与干燥

1. 将玻璃瓶洗净，圆侧面朝下放入锅里，盛入高度为 1~2cm 的水，盖上锅盖。

   TIP 玻璃瓶若放置不对, 煮的过程中易碎, 这点务必多加注意!（请参考 24 页）

2. 煮 2~3 分钟消毒。

3. 掀开锅盖取出玻璃瓶，沥干瓶子上的水，瓶口朝上放置，晾干备用。

材料的处理

1. 菠萝削掉果皮（冷冻菠萝或新鲜菠萝均可）。

2. 在流动的水中把菠萝冲洗干净，削去变质或损坏的部分。

3. 将洗净的菠萝沥干水分，放入冷冻室保存。（保存之前请把菠萝切小块。）
   如果想制作短时间内吃完的少量果酱，建议用新鲜菠萝。

4. 使用新鲜菠萝的话，请将低聚果糖和菠萝果肉同时放在榨汁机中打碎。

   TIP 放入低聚果糖一起打的话, 更容易打成非常细腻的果汁。

❶ 把冷冻菠萝和低聚果糖放入锅里加热解冻。加热过程中要不停地慢慢搅拌，以防成团粘锅而烧焦。如果不好好搅拌，加入糖的果肉容易烧焦，果泥产生异味，焦煳的低聚果糖也会产生糖稀味，这样做出来的果酱，外观和口感肯定会扣分。

❷ 冷冻菠萝和低聚果糖充分受热解冻后关火。

❸ 微微倾斜锅，使里面的果泥流到锅一侧，用手持式搅拌机将果肉彻底搅碎。把搅拌机下端的刀头放入材料中1cm以上，先低速挡启动，慢慢调到高速挡来搅碎果肉。若搅拌机下端的刀头未完全浸入材料中，或从一开始就高速挡运转的话，很容易导致果肉、果汁溅出来或搅拌机空转。

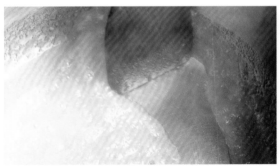 

❹ 搅碎后继续加热，同时用木勺匀速搅拌，注意不要让果酱粘在锅侧壁上。当果泥开始煮沸时放入果胶，继续搅拌使混合均匀。

TIP 先放柠檬汁，后放果胶的话，就会达到果胶发挥凝胶作用需要的酸的条件，一放入果胶立即就凝固成团，很难再搅开搅匀。

❺ 果胶和果泥完全混合均匀后添加柠檬汁，继续加热。当气泡变大增厚，或糖度计数值达到60brix时停止加热。

装瓶保存

请装到这里为止噢!

1. 果酱做好后应立即装入干燥的瓶子内。

   装入的量不要过满，装到瓶颈和瓶身之间的界线为止。

2. 用抹布把果酱装瓶过程中沾到瓶颈或瓶身上的果酱擦干净。

3. 装完之后应马上盖瓶盖。

   TIP 在果酱温度下降之前，必须要盖紧盖子，才能形成真空状态。趁热立即盖，瓶盖里面会结露珠，1~3 天后水分自动吸收到果酱里，因此不需要担心里面有微生物繁殖。

杀菌

请参照第 31 页。

冷却与真空密封的检查

1. 密封装瓶的果酱要置于室温中冷却到 30℃，再浸入冷水中。

2. 确认瓶盖完全密封好（发出啪啪的声音）之后，从冷水中取出。

保质期和保存方法

按照以上食谱做出的菠萝果酱（以大于60brix为准）可以保存6个月以上。但是从开瓶那一刻起空气中的微生物很可能会进入瓶中，为防止果酱变质，开启后务必放入冰箱中冷藏保存。

For 适宜人群

习惯吃酸的儿童；

经常被便秘困扰的女士；

经常吃肉的男士；

体内胆固醇含量高的老年人。

enjoying
菠萝果酱这样吃

1. 抹在面包、饼干上，尽情品味菠萝馥郁的香气和美味！
2. 吃牛肉、猪肉等肉类时，搭配菠萝果酱，菠萝中含有的蛋白质分解酵素能使肉质软嫩，利于消化。
3. 取适量果酱加到原味酸奶中，于是，酸酸甜甜的菠萝酸奶诞生了！（我们制作的果酱比市面上销售的果酱浓稠度低，可以与家里自制的酸奶均匀混合。）
4. 拌蔬菜沙拉时，用菠萝果酱代替沙拉酱试试吧。酸甜清爽的菠萝果香与水、醋、蔬菜完美结合，为您呈现别具风味的蔬菜沙拉。

想做出风味与众不同的菠萝果酱？

2012 年年末，一个在老挝从事志愿者活动的义工组织曾向我咨询过产品开发技术。这一组织计划利用老挝盛产菠萝这一得天独厚的条件，生产销售菠萝果酱，帮助老挝的贫困村发展经济，增加地方财政收入。但筹备过程中出现了一些问题。首先是低聚果糖和果胶的供给渠道不畅，因此只能使用砂糖或蜂蜜来做果酱。

但是使用糖度高的砂糖制作果酱，造成甜味不能与水果的味道很好地相融，蜂蜜对果酱的风味也会产生负面影响。不管原因如何，产品已经开发出来并上市，因此对浓烈的甜味也束手无策。

大家一致认为应该通过改进食谱配方，完善升级果酱产品来解决这一问题。我建议制作果酱时，使用在老挝很容易买到的椰子。经过试验检测，在原来的配方中添加少许椰子粉后，果酱开始具有一种全新的味道。菠萝酸甜可口的味道、浓郁的香气与略微发腻的椰子味融合在一起，使果酱味道变得既细腻又清淡。使用本身的香味和甜味都十分强烈的菠萝做果酱时，如果想让果酱味道清淡点儿，不妨加点椰子粉或椰子汁。

taste
菠萝果酱的味道

酸味 菠萝本身的酸加上柠檬汁的酸，使果酱口感微酸。

甜味 我们做的菠萝果酱比市面上卖的果酱糖度低，甜味不那么浓。但菠萝本身散发出很浓的香味，为果酱增添了甜甜的口感。

香味 与市售果酱一样香味浓郁。

原味 菠萝本身就是香气浓郁的水果。市面上卖的菠萝加工食品（果汁、冰激凌等）里添加了浓缩苹果汁，所以香味更浓。我们做的菠萝果酱比这些加工食品甜度要低。

色泽 淡黄色的果酱增进人的食欲，色彩不浓烈，可以用作沙拉酱，与蔬菜的颜色搭配和谐。

浓度 比市售果酱浓度低，但与蘸面包用的果酱（dipping jam）相比要浓稠些，非常适合抹在面包或饼干上吃。

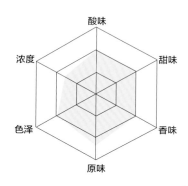

香蕉果酱

你了解香蕉吗?

　　这一次我们来做香蕉果酱。过去香蕉一直被认为是一种价格很贵的水果，但现在很便宜就能买到。再加上香蕉含有丰富的果胶，食材本身就能满足果酱三要素之一的果胶条件，不需要另加果胶，就能轻松地做好香蕉果酱。

　　关于香蕉，我们再深入了解一下吧。香蕉原产地为亚洲热带地区，是一种低热量低卡路里水果，富含维生素 A、维生素 C 和膳食纤维，预防便秘，是非常有效的减肥佳果。香蕉还含有 β- 胡萝卜素，抗衰老，增强免疫功能，并且含有丰富的钾，帮助降血压，把体内多余的钠排出体外。

　　香蕉一般生吃，也能烘干加工食用。香蕉是营养价值非常高的水果，但它也有一个缺点，即容易发生褐变和变质，不易保存。

　　那么哪些食物适合与香蕉一起食用呢? 最有代表性的就是柠檬。把柠檬汁与香蕉混合后，能防止香蕉发生褐变。做果酱时可以放入柠檬汁，既能保持香蕉的色泽，香蕉的香又能和柠檬的香味很好地融合，做出可口诱人的香蕉果酱。

分布地区

亚洲、南美洲、中美洲地区

功效

▸ 减肥佳品

▸ 增强肌体免疫力（富含维生素）

▸ 降压（富含钾）

▸ 预防便秘（富含膳食纤维）

营养成分含量表（以100g计）

热量	蛋白质	脂肪	碳水化合物	膳食纤维	钙	钠	钾	维生素A
336 kJ	1g	0g	21.2g	2.5g	6mg	1mg	279mg	18RE

BANANA

75

making

··

香蕉果酱的制作

材料

香蕉	—	100g
低聚果糖		100g
柠檬汁		2g
肉桂粉		1/6 汤匙
果胶		1g

制作香蕉果酱时，如果加热时间过长，香蕉会产生像药一样的苦味，添加肉桂粉可以中和这种味道。需注意的是，肉桂粉的量一定要控制好，放多的话就会盖住香蕉的香味了。

（果酱量: 110g, 糖度: 60brix）

玻璃瓶清洗与干燥

1. 将玻璃瓶洗净，圆侧面朝下放入锅里，盛入高度为 1~2cm 的水，盖上锅盖。

    TIP 玻璃瓶若放置不对，煮的过程中易碎，这点务必多加注意! (请参考 24 页)

2. 煮 2~3 分钟消毒。

3. 掀开锅盖取出玻璃瓶，沥干瓶子上的水，瓶口朝上放置，晾干备用。

材料的处理

1. 香蕉去皮。

2. 将香蕉果肉、低聚果糖和柠檬汁同时放在榨汁机中打碎。

    TIP 柠檬汁能有效防止香蕉发生褐变。剥皮后的香蕉放置在空气中，很快就会发生褐变，根据这一特性，从一开始就加入柠檬汁的话，可以一定程度上阻止褐变的发生。另外，同时放入低聚果糖，是为了防止因水分不足造成榨汁机空转的现象。

❶ 把前一步骤中准备好的果泥盛到锅里加热。加热过程中要不停地慢慢搅拌，以防成团粘锅而烧焦。如果不好好搅拌，容易烧焦，果泥产生异味儿，焦糊的低聚果糖也会产生糖稀味儿，这样做出来的果酱，外观和口感肯定会受到影响。

❷ 果泥开始煮沸时放入肉桂粉，并搅拌均匀。

❸ 转为小火，快速搅拌加速水分蒸发。（与其他果酱不同，这里要转为小火是因为香蕉含水分少，在加热时比其他水果更容易烧糊，更容易往外溅。）当气泡变大、气泡壁增厚，或糖度计数值达到 60brix 时停止加热。

装瓶保存

请装到
这里为止噢!

1. 果酱做好后应立即装入干燥的瓶子内。

   装入的量不要过满，到瓶颈和瓶身之间的界线为止。

2. 用抹布把果酱装瓶过程中沾到瓶颈或瓶身上的果酱擦干净。

3. 装完之后应马上盖瓶盖。

   TIP 在果酱温度下降之前，必须要盖紧盖子，才能形成真空状态。趁热立即盖，瓶盖里面会结露珠，1~3 天后水分自动吸收到果酱里，因此不需要担心里面有微生物繁殖。

杀菌

请参照第 31 页。

冷却与真空密封的检查

1. 密封装瓶的果酱要放于室温中冷却到 30℃，再浸入冷水中。

2. 确认瓶盖完全密封好（发出啪啪的声音）之后，从冷水中取出。

保质期和保存方法

按照以上食谱做出的香蕉果酱（以大于60brix值为准）可以保存6个月以上。但是从开瓶那一刻起空气中的微生物很可能会进入瓶中，为防止果酱变质，开封后务必放入冰箱中冷藏保存。

For 适宜人群

喜欢吃香蕉的成长期儿童；

血压偏高的男士；

经常被便秘困扰的女士；

想减肥或正在减肥中的成年人。

enjoying
香蕉果酱这样吃

1. 抹在面包、饼干上，可以充分品味香蕉本身的香气和美味！

2. 拌蔬菜沙拉时，可以用香蕉果酱代替沙拉酱，香甜的香蕉果香与水、醋、蔬菜完美结合，为您呈现别具风味的蔬菜沙拉。

taste
香蕉果酱的味道

酸味　香蕉本身虽没有酸味，但加入的柠檬汁让果酱口感微酸。

甜味　虽然放入了肉桂粉，果酱的甜味还是要比香蕉本身的甜味浓一些。

香味　果酱的醇香味不如甜味浓。

原味　由于添加了肉桂粉，香蕉本身的香味不那么纯正了。

色泽　加入深褐色的肉桂粉，使原本是白色的香蕉果酱颜色稍微呈褐色。

浓度　比其他果酱浓度略低。

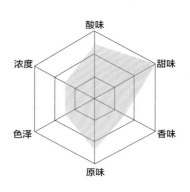

蔬菜果酱
制作方法

　　还能用蔬菜做果酱？市面上出售的果酱大多是用水果做成的啊。我要告诉大家，蔬菜也可以用来做果酱呢。但是与以甜味为主的水果果酱相比，蔬菜果酱更多地呈现出蔬菜本身的香味。

　　朋友们，抛开"只能用水果才能做出果酱"的僵化观念吧，只要转变思维定式，你就能享受到美味又营养的各种蔬菜果酱了。

VEGETABLE JAM

彩椒果酱

你了解彩椒吗?

彩椒不仅鲜脆多汁,味道香甜,而且色彩鲜艳诱人,让人赏心悦目。彩椒主要有红、绿、黄、橘红等品种,据说颜色不同,功效作用也不太一样呢。彩椒中的维生素含量相当丰富,因此享有"维生素宝库"的美称。

活性氧是疾病和老化的元凶。而红椒含有的番茄红素能有效抑制活性氧的产生。另外,红椒含有的 β-胡萝卜素含量比青椒(绿椒)丰富 100 倍以上,具有预防癌症、增强免疫力的功效。

青椒是彩椒中卡路里最低的品种,是减肥者的最佳选择。青椒中含有丰富的有机质和铁,对预防贫血有显著效果。

黄甜椒的辛辣味较淡,甜味浓,含有大量的哌嗪和叶黄素,能有效预防并改善高血压、心肌梗死等心血管疾病。而且在缓解眼部疲劳,维持正常的生理节律方面具有卓越的功效。

橘红色彩椒富含维生素 A 和维生素 E,防止皮肤老化,含有的钙、铁、钾等矿物质有助于生长发育,因此对处于成长期的儿童、青少年都是非常好的蔬菜。

结合自己或家人的身体健康状态,把彩椒做成果酱食用,是个不错的主意吧? 这几种彩椒中,我强烈推荐用甜味较浓的黄甜椒做成果酱。

原产地

中美洲地区

成熟季节

5~7 月份

功效

▶ 抑制活性氧的产生

▶ 预防癌症，增强免疫力

▶ 帮助减肥

▶ 预防贫血

▶ 有效预防并改善高血压、心肌梗死等心血管疾病

▶ 防止色斑和雀斑，帮助皮肤美容

▶ 有利于眼部健康

▶ 具有抗酸化功效

▶ 预防成人病

营养成分含量表 *(以100g计)*

热量	蛋白质	脂肪	碳水化合物	膳食纤维	钙	维生素A	维生素C
100.8kJ	1g	0.1g	5.8g	1.7g	248mg	18RE	154mg

COLOR PEPPER

making

彩椒果酱的制作

材料

彩椒 (黄色)	100 克
低聚果糖	100 克
柠檬汁	6 克
果胶	1 克

(果酱量: 110g, 糖度: 60brix)

玻璃瓶清洗与干燥

1. 将玻璃瓶洗净，圆侧面朝下放入锅里，盛入高度为 1~2cm 的水，盖上锅盖。

   TIP 玻璃瓶若放置不对, 煮的过程中易碎, 这点务必多加注意! (请参考 24 页)

2. 煮 2~3 分钟消毒。

3. 掀开锅盖取出玻璃瓶，沥干瓶子上的水，瓶口朝上放置，晾干备用。

材料的处理

将彩椒对半切开，去除蒂和种子，然后在流水中冲洗干净。削去破损的部分。

❶ 洗净的彩椒沥干水分后，和低聚果糖一起放入榨汁机中打碎。

TIP 如果想制作出嚼不出彩椒粒的细腻果酱，可以先把处理好的彩椒在热水中焯一下，去皮，然后再打碎。

❷ 把打碎的彩椒盛到锅里加热。加热过程中要不停地慢慢搅拌，以防成团粘锅而烧焦。

TIP 如果不好好搅拌，低聚果糖容易烧焦，产生焦煳的糖稀味儿，影响果酱的风味。

❸ 彩椒泥煮沸后，撒入果胶，搅拌均匀。

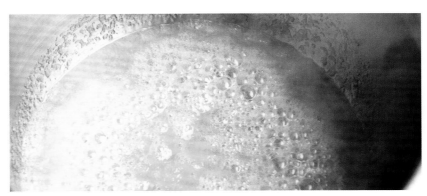

❹ 加入柠檬汁，继续加热。当气泡变大增厚，或糖度计数值达到 60brix 时停止加热。

TIP 加入柠檬汁的量要比制作水果果酱时放入的多，目的是为了中和加热过程中产生的腥味和彩椒本身的味道。

装瓶保存

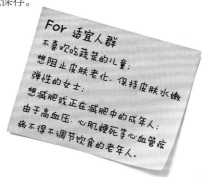

请装到这里为止噢!

1. 果酱做好后应立即装入干燥的瓶子内。

   装入的量不要过满，到瓶颈和瓶身之间的界线为止。

2. 用抹布把果酱装瓶过程中沾到瓶颈或瓶身上的果酱擦干净。

3. 装完之后应马上盖上瓶盖。

   TIP 在果酱温度下降之前，必须要盖紧盖子，才能形成真空状态。趁热立即盖，瓶盖里面会结露珠，1~3天后水分自动吸收到果酱里，因此不需要担心里面有微生物繁殖。

杀菌

请参照第31页。

冷却与真空密封的检查

1. 密封装瓶的果酱要放于室温中冷却到30℃，再浸入冷水中。

2. 确认瓶盖完全密封好（发出啪啪的声音）之后，从冷水中取出。

保质期和保存方法

按照以上食谱做出的彩椒果酱（以大于60brix值为准）保存6个月以上没有问题。但是从开瓶那一刻起空气中的微生物很可能会进入瓶中，为防止果酱变质，开封后务必放入冰箱中冷藏保存。

For 适宜人群

不喜欢吃蔬菜的儿童；

想阻止皮肤老化，保持皮肤水嫩弹性的女士；

想减肥或正在减肥中的成年人；

由于高血压、心肌梗死等心血管疾病不得不调节饮食的老年人。

enjoying

彩椒果酱这样吃

1. 抹在面包、饼干上，可以充分品味彩椒本身的香气和美味！
2. 拌蔬菜沙拉时，可以用彩椒果酱代替沙拉酱，香甜的彩椒与水、醋、蔬菜完美结合，为您呈现别具风味的蔬菜沙拉。

taste

彩椒果酱的味道

酸味　比水果果酱含酸量高，酸味比较浓。

甜味　彩椒的香味一定程度上盖住了果酱的甜味。

香味　柠檬汁和彩椒搭配口感酸甜清爽，香味较浓。

原味　柠檬汁的酸味使彩椒的香味更浓郁，可以充分品尝到彩椒纯正的香味。

色泽　果酱呈亮黄色，能使食欲大增。

浓度　比市面上出售的果酱浓度略低。

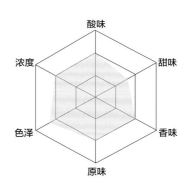

VEGETABLE JAM

青阳辣椒果酱

你了解青阳辣椒吗?

用青阳辣椒做果酱,听到这句话的人,十个人中有九个人会觉得不可思议。在规定食品标准的韩国食品法典里,关于果酱的定义和范畴里也并不包括青阳辣椒。其中的原因之前我也提到过。用青阳辣椒做果酱时需利用渗透压来进行提取,这种方法与其他任何一种果酱都有区别。

那我们先来了解一下用青阳辣椒吧。它之所以够辣,是因为含有大量辣椒素成分,超过了其他品种的辣椒,基本代谢率高,这也使得青阳辣椒具有减肥的功效。另外还含有维生素 E,有助于缓解疲劳,加速血液循环,还能预防感冒。

成熟季节

6~11 月份

功效

▶帮助减肥

▶ 预防感冒

▶加速血液循环

▶缓解疲劳

营养成分含量表 *(以100g计)*

热量	蛋白质	脂肪	碳水化合物	钙	钠	钾	维生素A	维生素C
113.4kJ	1.6g	0.2g	5.9g	9mg	14mg	386mg	1RE	30mg

CHEONGYANG
RED PEPPER

91

making

青阳辣椒果酱的制作

 **材料**

青阳辣椒—	80g
低聚果糖	400g
柠檬汁	40g
果胶	8g
树莓	10 颗

（果酱量: 350g, 糖度: 78brix）

青阳辣椒果酱是在加热的低聚果糖里利用渗透压作用提取青阳辣椒制作而成。

玻璃瓶清洗与干燥

1. 将玻璃瓶洗净，圆侧面朝下放入锅里，盛入高度为 1~2cm 的水，盖上锅盖。

   TIP 玻璃瓶若放置不对, 煮的过程中易碎, 这点务必多加注意! (请参考 24 页)

2. 煮 2~3 分钟消毒。

3. 掀开锅盖取出玻璃瓶，沥干瓶子上的水，瓶口朝上放置，晾干备用。

材料的处理

1. 去除辣椒蒂，清洗干净。

2. 洗净的辣椒沥干水分后斜切成片。

1 把切好的青阳辣椒、树莓和低聚果糖一起放入锅里加热。加热过程中要不停地慢慢搅拌，以防成团粘锅而烧糊。煮沸后关火，盖上锅盖放置3分钟。

TIP 渗透压作用进行过程中必须要盖上锅盖。这样青阳辣椒的辛辣味才不会弥漫整个屋子，而且能阻止热气快速散发，防止果糖短时间内变干燥。

2 用木铲搅拌均匀后，放置约5分钟，然后再次搅拌使食材混合均匀，等待2分钟左右。

TIP 浓度较高的低聚果糖能从浓度较低的青阳辣椒里提取出汁液。放置的时间越长，从青阳辣椒内部渗透出来的浓度稀的汁液越能把青阳辣椒周围的浓度包围起来。这样经过一定时间之后，就会导致渗透压作用无法顺利完成。因此放置几分钟后就要搅拌食材，增加青阳辣椒周围的浓度，从而有效提取出青阳辣椒的汁液。

  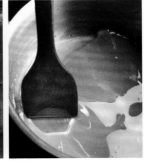

3 掀开锅盖，用细网笊篱捞出成块的青阳辣椒及其种子。

TIP 经过渗透压作用以后，青阳辣椒变得透明而干瘪。

4 放入果胶，用手持搅拌机将其搅匀。

5 最后放入柠檬汁，使混合均匀。

TIP 放入柠檬汁后，果胶立刻开始发挥凝胶作用。可以使酱保持鲜亮的色泽。

93

※ 青阳辣椒果酱制作过程中需要的加热时间很短，只需要加热一次。

装瓶保存

请装到
这里为止噢！

1. 果酱做好后应立即装入干燥的瓶子内。

   装入的量不要过满，到瓶颈和瓶身之间的界线为止。

2. 用抹布把果酱装瓶过程中沾到瓶颈或瓶身上的果酱擦干净。

3. 装完之后查看瓶颈部分是否沾有果酱，没有的话应迅速盖好瓶盖。

   TIP 将玻璃瓶放入开水里蒸到 80℃以上取出，再将果酱装瓶，这样可以防止密封不严。

杀菌

请参照第 31 页。

冷却与真空密封的检查

1. 密封装瓶的果酱要放于室温中冷却到 30℃，再浸入冷水中。

2. 确认瓶盖完全密封好（发出啪啪的声音）之后，从冷水中取出。

保质期和保存方法

　　按照以上食谱制作而成的青阳辣椒果酱经过密封杀菌处理后，完全可以保存6个月以上。开瓶后尽量放入冰箱冷藏保存。

※ 能否用榨汁机榨出青阳辣椒的汁液做果酱呢？
　　用榨汁机榨出青阳辣椒的汁液，辣味会非常
　　浓烈，这样做出的果酱辛辣味会很呛人。而利
　　用渗透压作用提取汁液做成的果酱，辣味温和，
　　入口的味道和最后留在口中的味道基本一样。

For 适宜人群
想尝鲜的果酱控；
计划减肥或正在减肥中的女士们；
爱吃辣的老年人；
吃鱼吃肉时喜欢蘸调味汁的男士。

enjoying
青阳辣椒果酱这样吃

1. 抹在面包和饼干上吃，可以充分品味青阳辣椒本身的香气和味道！
2. 吃冷冻烟熏三文鱼时，可以尝试一下用青阳辣椒果酱代替调味汁！（入口的柠檬香味与三文鱼的香味充分结合，细腻清新，余味辣中带点微苦，很好地中和了三文鱼的腥味。）
3. 把果酱夹在汉堡包或三明治中，能有效减少油腻味，衬托出甜味，吃起来清淡爽口。
4. 和炸薯条也绝配哦！

taste
青阳辣椒果酱的味道

酸味 虽然柠檬汁的使用量相对较高，但青阳辣椒本身的辛辣味盖住了酸味。

甜味 超过 70brix 算是相当高的糖度了，但由于浓浓的酸辣味盖住了甜味，吃起来并不怎么甜。

香味 柠檬汁与青阳辣椒等食材的特性十分搭配，吃起来口感酸爽，香味较浓。

原味 刚入口的味道与留在嘴里的余味俨然不同。第一口是柠檬味，最后的余味则是辣味。

色泽 由于添加了树莓，果酱泛着淡淡的粉色，让人一看就食欲倍增。

浓度 尽管果酱比市面上出售的要稀很多，但与市售的调味汁相比还是很浓稠的。

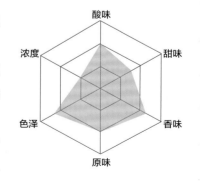

95

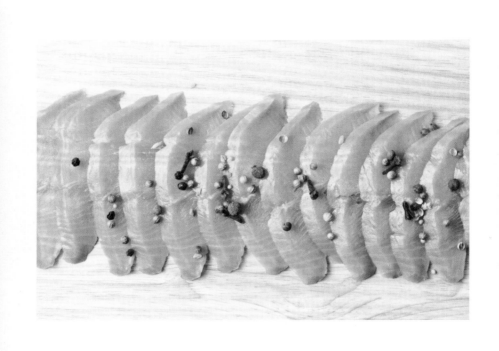

黄瓜果酱

你了解黄瓜吗?

随便打开一家的冰箱,大概都会发现有一两根黄瓜躺在冰箱抽屉里吧。黄瓜对我们人类来说是再熟悉不过的蔬菜了,那么大家对黄瓜了解多少呢?

100g 黄瓜仅含有 63kJ 热量,90% 以上是水分,不愧是最佳减肥食品啊。一般情况下减肥总是与便秘相伴相随,如果多吃黄瓜,不仅可以补充水分,而且黄瓜富含的膳食纤维,能加速肠胃蠕动,从根本上预防便秘。提到黄瓜,大家还会想到黄瓜面膜吧? 黄瓜含有丰富的维生素 C,具有卓越的皮肤美白和补水功效。还含有丰富的钙,帮助人体把多余的钠和废物排出体外,清热解毒。据说还能预防并改善高血压,因此强烈推荐给高血压患者。黄瓜里含有的黄瓜素,能在短时间内分解残存于身体的酒精,并帮助排出体内。

用黄瓜做果酱,究竟能做出什么味道呢? 难以想象吧? 为了开发黄瓜果酱,我经历了许许多多次尝试、失败,不过在这一过程中我意外地发现黄瓜清爽的口感和一股独特的腥味儿是共存的。这股独特的味道会随着加热而变得更强烈。但鉴于果酱食品的特性,即加工过程中必须要进行短暂的加热,所以很难完全去除黄瓜特有的腥味儿。不断尝试后我找到了解决办法。那就是与其他果酱相比,要多加一些柠檬汁。做完后一尝,味道简直太奇妙了,既有黄瓜本身的清新味儿,咽下去之后舌尖上又多了一种黄瓜本来没有的素净。

原产地

世界各地均有分布

成熟季节

6~7 月份

功效

▸减肥佳品

▸为皮肤保湿美白，抗衰老

▸帮助身体排废排毒，预防浮肿

▸缓解疲劳

▸预防高血压

营养成分含量表 *(以100g计)*

热量	蛋白质	脂肪	碳水化合物	膳食纤维	钾	维生素A	维生素C
63kJ	0.65g	0.11g	3.63g	0.5g	147mg	5RE	2.8mg

CUCUMBER

making
黄瓜果酱的制作

材料	
黄瓜	200g
低聚果糖	200g
柠檬汁	16g
果胶	3g

（果酱量：210g，糖度：60brix）

玻璃瓶清洗与干燥

1. 将玻璃瓶洗净，圆侧面朝下放入锅里，盛入高度为 1~2cm 的水，盖上锅盖。

   TIP 玻璃瓶若放置不对，煮的过程中易碎，这点务必多加注意!（请参考 24 页）

2. 煮 2~3 分钟消毒。

3. 掀开锅盖取出玻璃瓶，沥干瓶子上的水，瓶口朝上放置，晾干备用。

材料的处理

1. 把黄瓜洗净之后去皮，切除发苦的黄瓜尾巴。

2. 处理好的黄瓜沥干水分备用。

❶ 把切好的黄瓜段和低聚果糖一同放入榨汁机打碎。

TIP 与果糖一起搅,黄瓜能打得更细。

❷ 然后放入锅里加热。加热过程中要不停地慢慢搅拌,以防成团粘锅而烧煳。万一烧煳,黄瓜的杂味就会散发出来,果糖烧焦后还会发出糖稀味,这样做出来的果酱味道肯定不好。因此务必要均匀搅拌。

❸ 充分加热煮沸后均匀撒入果胶,用木铲搅拌均匀后,放入柠檬汁,继续加热。

TIP 制作黄瓜果酱时要加入比做水果果酱时更多的柠檬汁。这样加热过程中柠檬汁可以去除黄瓜特有的腥味,而且使黄瓜更清香可以说,两者的味道不是简单地搭配,而是相遇后制造出了全新的风味。

❹ 煮沸后等气泡变得越来越大时,用糖度计测量一下糖度,如果达到 60brix,即可停止加热。

装瓶保存

请装到这里为止噢！

1. 果酱做好后应立即装入干燥的瓶子内。

   装入的量不要过满，到瓶颈和瓶身之间的界线为止。

2. 用抹布把果酱装瓶过程中沾到瓶颈或瓶身上的果酱擦干净。

3. 装完之后应马上盖瓶盖。

   TIP 在果酱温度下降之前，必须要盖紧盖子，才能形成真空状态。趁热立即盖，瓶盖里面会结露珠，1~3 天后水分自动吸收到果酱里，因此不需要担心里面有微生物繁殖。

杀菌

请参照第 31 页。

冷却与真空密封的检查

1. 密封装瓶的果酱要放于室温中冷却到 30℃，再浸入冷水中。

2. 确认瓶盖完全密封好（发出啪啪的声音）之后，从冷水中取出。

保质期和保存方法

　　按照以上食谱制作而成的黄瓜果酱（糖度在60brix以上）可以保存6个月以上。但是从开瓶那一刻起空气中的微生物很容易进入瓶中，为防止果酱变质，必须要放入冰箱冷藏。

For 适宜人群

不喜欢吃黄瓜的成长期儿童和青少年；

正在减肥或计划减肥的女士；

前一天过度饮酒后想解酒的职场人士；

身体浮肿，或因高血压忌口的成人和老年人。

enjoying

黄瓜果酱这样吃

1. 抹在面包和饼干上吃，可以充分品味黄瓜本身的香气和清新美味！
2. 拌蔬菜沙拉时，可以用黄瓜果酱代替沙拉酱，素净的果酱味儿与水、醋、蔬菜的味道完美结合，为您呈现别具风味的蔬菜沙拉。

taste

黄瓜果酱的味道

酸味 虽然与其他水果果酱相比，酸的含量较高，但黄瓜本身的清香中和了一部分酸味，吃起来并不觉得很酸。

甜味 黄瓜的清凉降低了甜味。

香味 柠檬汁与黄瓜搭配打造出了独特风味，吃起来满口香气，但果酱里仍然残留着一丝黄瓜特有的腥味儿，可能不符合一些人的口味。

原味 果酱既保存了黄瓜原本的清新味，又散发出一种全新的味道。

色泽 果酱呈浅绿色，柔和清新。

浓度 比一般果酱浓度要稀。

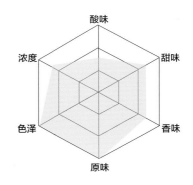

大蒜果酱

大蒜对于韩国人可以说是再亲切熟悉不过了。檀君神话中熊和老虎在洞穴里也是靠艾蒿和大蒜来充饥度日的。神话中出现的大蒜象征着一种神奇的药材。我们对于大蒜的感情难道是这个缘故吗?现在我们吃的饮食中几乎大部分都放大蒜,可以说是一种不可或缺的食材。大蒜的食用率如此之高恐怕还要归功于它的功效吧。大蒜能去腥,味道刺激,能增进食欲。

大蒜的优点岂止这一点?下面我们再全面了解一下大蒜的功效吧。

它能抑制并清除体内的活性氧,因此有显著的抗癌作用。大蒜含有一种叫大蒜素的成分,具有强大的杀菌抗菌功能,能增强机体免疫力。大蒜还能促进血液循环,增强新陈代谢,刺激雄性激素的分泌,对体力下降的男性朋友是再好不过了。此外,大蒜能抑制血小板凝结,有助于血液通畅,美容抗衰老。

原产地

亚洲

成熟季节

5~8月份

功效

▸ 抗肿瘤

▸ 增强免疫力

▸ 增强男性精力

▸ 促进血管健康

▸ 抗衰老

营养成分含量表 *(以100g计)*

热量	蛋白质	脂肪	碳水化合物	膳食纤维	钾	维生素 C
571.2kJ	5.4g	0g	30g	2mg	664mg	28mg

GARLIC

making

大蒜果酱的制作

材料

大蒜	100g
低聚果糖	140g
菠萝(或苹果)	50g
柠檬汁	14g
果胶	1.5g

(果酱量: 210g, 糖度: 60brix)

玻璃瓶清洗与干燥

1. 将玻璃瓶洗净,圆侧面朝下放入锅里,盛入高度为 1~2cm 的水,盖上锅盖。

   TIP 玻璃瓶若放置不对,煮的过程中易碎,这点务必多加注意!(请参考 24 页)

2. 煮 2~3 分钟消毒。

3. 掀开锅盖取出玻璃瓶,沥干瓶子上的水,瓶口朝上放置,晾干备用。

材料的处理

1. 大蒜去外皮和大蒜蒂,洗净。菠萝也洗净。(如果用苹果,需要削果皮,去籽。)

2. 处理好的大蒜和菠萝(或苹果)沥干水分,菠萝(或苹果)切成小块备用。

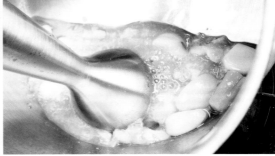

❶ 把大蒜放入锅里加水, 水
要完全没过大蒜, 然后盖
上锅盖加热。水煮沸后调
至文火, 继续煮 10 分钟
左右, 然后倒掉锅里的水。

❷ 煮好的大蒜和菠萝 (或苹
果) 以及低聚果糖一起放
入锅里加热。开始煮沸时
关火。放入果胶, 用手持
搅拌机将锅里的材料彻
底打碎。

TIP 大蒜的辣味是由蒜氨酸酶
转成大蒜素的过程中产生
的。蒜氨酸酶具有遇热活
性变弱的特性, 因此加热
后的大蒜就没有辛辣刺激
的味道了。制作大蒜果酱
时, 只要把蒜煮熟捣碎, 再
加热的话, 果酱就不会有
刺激的蒜味了。

❸ 果胶与其他材料完全混合
均匀后, 放入柠檬汁, 继
续加热。加热过程中要不
停地慢慢搅拌, 煮沸后等
气泡变得越来越大时, 用
糖度计测量一下糖度, 如
果达到 60brix, 即可停止
加热。

TIP 放入比制作水果果酱时更
多的柠檬汁, 有两个作用,
既阻止菠萝 (或苹果) 发生
褐变, 同时为大蒜果酱增添
了酸酸的味道。

109

装瓶保存

请装到这里为止噢!

1. 果酱做好后应立即装入干燥的瓶子内。

   装入的量不要过满，到瓶颈和瓶身之间的界线为止。

2. 用抹布把果酱装瓶过程中沾到瓶颈或瓶身上的果酱擦干净。

3. 装完之后应马上盖瓶盖。

   TIP 在果酱温度下降之前，必须要盖紧盖子，才能形成真空状态。趁热立即盖，瓶盖里面会结露珠，1~3 天后水分自动吸收到果酱里，因此不需要担心里面有微生物繁殖。

杀菌

请参照第 31 页。

冷却与真空密封的检查

1. 密封装瓶的果酱要放于室温中冷却到 30℃，再浸入冷水中。

2. 确认瓶盖完全密封好（发出啪啪的声音）之后，从冷水中取出。

保质期和保存方法

按照以上食谱制作而成的大蒜果酱（糖度在60brix以上）可以保存6个月以上。但是从开瓶那一刻起空气中的微生物很容易进入瓶中，为防止果酱变质，务必要放入冰箱冷藏。

For 适宜人群

想尝一尝新鲜口味的果酱控;
喜欢吃蒜味面包的女士;
精力减弱的男士;
身体免疫力下降的老年人。

enjoying

大蒜果酱这样吃

1. 抹在面包和饼干上吃，可以充分品味大蒜本身的味道！
2. 拌蔬菜沙拉时，可以用大蒜果酱代替沙拉酱，大蒜果酱能为您打造独具特色的蔬菜沙拉。

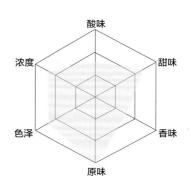

taste

大蒜果酱的味道

酸味　加热后的大蒜清淡的味道中和了一部分酸味。

甜味　因为放了菠萝（或苹果），吃起来会觉得甜味比糖度计测到的糖度要浓。

香味　虽放入了较多的柠檬汁，但香味并不强烈。

原味　使用煮了的大蒜，大蒜原本的辛辣刺激味已经减弱了很多，除了有辣味之外，还能充分品尝大蒜原本的味道。

色泽　果酱呈暗黄色，能刺激食欲。

浓度　比市面上卖的果酱浓度稍微稀一些。

酸味

浓度　　　　　　甜味

色泽　　　　　　香味

原味

野菜果酱
制作方法

凡是能食用的草、树叶、根茎、蔬菜等都统称为野菜。我们平时经常把野菜，如蕨菜、绿豆芽等，放入调料凉拌食用。其实野菜同样是制作果酱不错的材料。

只要是能吃的食材，大部分都可以用作果酱，大家对这一事实也感到很惊讶吧？市场或超市里卖的野菜大致有两种，一种是从山上刚刚采摘下来的新鲜野菜，一种是能够长期保存的干野菜。下面要介绍给大家的是，我在家里用干野菜制作果酱的简易方法。

这一章我们来了解一下种类繁多的野菜的特性，以及用干野菜制作果酱的方法。

蕨菜果酱

你了解蕨菜吗?

    蕨菜有"山里长的牛肉"的美称,这正说明蕨菜营养丰富。它富含蛋白质、钙和钾等维持生命必需的无机物成分,尤其适合体力弱或免疫力低下的人食用。大家可能听说过蕨菜对女性好,对男性不好的说法吧。对于有便秘或贫血症状、愁着减肥、为皮肤美容的女士们来说,蕨菜确实是一种特别有益的野菜。而且蕨菜里含有丰富的膳食纤维,能够促进肠胃蠕动。每次来月经时,被痛经困扰折磨的,而且经常有贫血症状的女性,多吃一些蕨菜会改善这种情况。蕨菜含有丰富的铁,有助于减轻贫血。另外,富含维生素 A、维生素 C、维生素 E 等成分,多摄取维生素能为皮肤提供充足的营养,抗衰老,使皮肤清爽、保持光泽。蕨菜含有如此丰富的营养成分,但 100 克蕨菜的热量还不足 163.8kJ,也是有助于减肥的理想蔬菜。

    但是从中医观点来看,蕨菜性凉,虚寒的人不宜食用。蕨菜里还有一种叫作原蕨苷的有害物质,因此烹饪时必须要去除。去蕨菜的毒性并不难,具体做法我会在处理蕨菜步骤时详细介绍。

原产地

欧洲、亚洲、北美洲、南美洲、大洋洲均有广泛分布。

功效

▸提高机体免疫力

▸增强体力

▸预防贫血

▸帮助减肥

▸预防便秘

▸皮肤美容

成熟季节

4月份

营养成分含量表 *(以100g计)*

热量	蛋白质	脂肪	碳水化合物	膳食纤维	钙	钾	维生素A
163.8kJ	25.8g	0.6g	54.2g	9.5g	188mg	2879mg	32RE

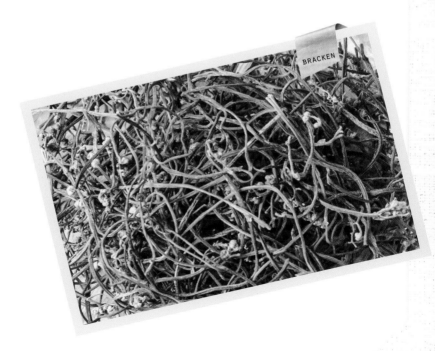

making

蕨菜果酱的制作

材料

干蕨菜	10g
低聚果糖	160g
苹果醋	2g
果胶	0.7g

（果酱量：130g，糖度：70brix）

玻璃瓶清洗与干燥

1. 将玻璃瓶洗净，圆侧面朝下放入锅里，盛入高度为 1~2cm 的水，盖上锅盖。

   TIP 玻璃瓶若放置不对，煮的过程中易碎，这点务必多加注意!（请参考 24 页）

2. 煮 2~3 分钟消毒。

3. 掀开锅盖取出玻璃瓶，沥干瓶子上的水，瓶口朝上放置，晾干备用。

材料的处理

1. 蕨菜放入热水里浸泡 5 分钟左右。

2. 换水，洗 2~3 分钟，然后用流水再冲洗一遍。

   （有毒成分原蕨苷很容易遇水溶解，因此要一遍遍冲洗。）

3. 把蕨菜放入锅里，煮 30 分钟左右。

❶ 煮好的蕨菜沥干水分后切
小切碎, 然后与低聚果糖
一起用榨汁机打碎。

TIP 只有将蕨菜切小切碎后再
打, 才能防止蕨菜卷入榨
汁机刀网导致无法粉碎的
现象。与低聚果糖一起打,
能打得更细。

❷ 打碎的蕨菜和低聚果糖一
起放入锅里大火加热。加
热过程中要用木勺匀速地
不停搅拌, 防止成团烧煳。
(煮 1~2 分钟。)

TIP 锅在加热过程中, 最热
的部分不是锅底, 而是锅
侧面!

❸ 开始煮沸后, 一点点撒入
果胶, 用木勺不停搅拌至
与其他材料完全混合均匀,
防止果胶结块。然后放入
苹果醋, 继续加热。煮沸
气泡变得越来越大时, 用
糖度计测量一下糖度, 达
到 70brix 时, 停止加热。

TIP 苹果醋既能去腥味, 又能
为果酱增添独特的风味。

117

装瓶保存

请装到这里为止噢!

1. 果酱做好后应立即装入干燥的瓶子内。

   装入的量不要过满,到瓶颈和瓶身之间的界线为止。

2. 用抹布把果酱装瓶过程中沾到瓶颈或瓶身上的果酱擦干净。

3. 装完之后应马上盖瓶盖。

   TIP 在果酱温度下降之前,必须要盖紧盖子,才能形成真空状态。趁热立即盖,瓶盖里面会结露珠,1~3天后水分自动吸收到果酱里,因此不需要担心里面有微生物繁殖。

杀菌

请参照第31页。

冷却与真空密封的检查

1. 密封装瓶的果酱要放于室温中冷却到30℃,再浸入冷水中。

2. 确认瓶盖完全密封好(发出啪啪的声音)之后,从冷水中取出。

保质期和保存方法

按照以上食谱制作而成的蕨菜果酱(糖度在70brix以上)可以保存6个月以上。但是从开瓶那一刻起空气中的微生物很容易进入瓶中,为防止果酱变质,务必要放入冰箱冷藏。

For 适宜人群

想尝一尝新鲜口味的果酱控;

经常出现贫血症状的女士;

计划减肥或正在瘦身中的女士;

注重皮肤美容的女士;

体力下降的职场男士;

身体免疫力下降的女士和老年人。

enjoying

蕨菜果酱这样吃

1. 抹在面包、饼干上，尽情品味蕨菜特有的香气和风味！

2. 吃坚果（杏仁、花生、核桃）时，可用作调味汁。

3. 吃猪肉时，蘸上蕨菜果酱尝尝吧。蕨菜有助于吃肉时减轻肠胃的负担，让您享用健康饮食。（蕨菜中含有维生素 B_1 酶成分，帮助分解吸收维生素 B_1。因此蕨菜果酱非常适合与富含维生素 B_1 的猪肉和坚果一起吃。）

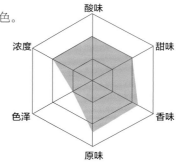

taste

蕨菜果酱的味道

酸味 酸的添加量大，放入的又是苹果醋，因此吃起来酸味比较重。

甜味 加热时间虽短，但与一般果酱相比，糖的含量高，吃起来甜味很浓。

香味 基调为酸酸的味道，香味宜人。

原味 使用苹果醋，能去除蕨菜原有的土腥味儿，蕨菜本身味道很强，因此材料的原味很重。

色泽 果酱的颜色是比蕨菜的本色更深的颜色。

浓度 与一般的果酱相比凝胶度低一些，但由于水分充分蒸发，维持了合适的浓稠度。

119

POTHERB
JAM

东风菜果酱

你了解东风菜吗?

　　东风菜是韩国春季里的代表性野菜。它跟蕨菜一样，同样含有丰富的营养成分，但是没有土腥味，散发出的香气还能增进食欲，因此受到美食家们的青睐。

　　东风菜里含有大量的皂苷成分，这是其他蔬菜所没有的。皂苷主要存在于人参里，具有卓越的抗癌功效，还具有抗菌活性，有效阻止有害成分进入体内，能吸收毒素并将其排出体外。从这些功效来看，免疫力和体力下降的人应该多吃东风菜。而且东风菜富含钙，能让骨骼更健康结实，还能有效调节成人病的病源胆固醇的数值。它的解毒功效有助于肝脏性能的恢复。东风菜的酒精分解能力强大，对解酒也非常有帮助。含有丰富的膳食纤维，能有效预防并改善便秘。

　　东风菜也和蕨菜一样含有一种成分，需要注意。这种成分叫燧石（flint silex），它能与体内的钙结合生成结石。但只要在热水里稍微焯一焯就能使这种成分分解，不必过多担心。

原产地

韩国、中国、日本等地

成熟季节

3~5 月份

功效

▶提高机体免疫力

▶增强体力

▶促进骨骼健康

▶降低胆固醇

▶解酒

▶预防便秘

营养成分含量表 *(以100g计)*

热量	蛋白质	脂肪	碳水化合物	钙	维生素A	维生素C	谷氨酸
113kJ	22.2g	2.3g	53g	231mg	33RE	2mg	6mg

CHWINAMUL

123

making

东风菜果酱的制作

干东风菜	10g
低聚果糖	160g
柠檬汁	1.7g
果胶	0.7g

（果酱量：110g，糖度：75brix）

玻璃瓶清洗与干燥

1. 将玻璃瓶洗净，圆侧面朝下放入锅里，盛入高度为 1~2cm 的水，盖上锅盖。

   TIP 玻璃瓶若放置不对，煮的过程中易碎，这点务必多加注意！（请参考 24 页）

2. 煮 2~3 分钟消毒。

3. 掀开锅盖取出玻璃瓶，沥干瓶子上的水，瓶口朝上放置，晾干备用。

材料的处理

1. 将东风菜放入凉水里浸泡 5 分钟左右。

2. 在水里放入少许盐，煮沸后，把东风菜放进开水里焯一下捞出。

   TIP 东风菜里含有的燧石（flint silex）成分能与体内的钙结合生成结石，因此必须要在热水中焯一焯去除这种成分。

124

 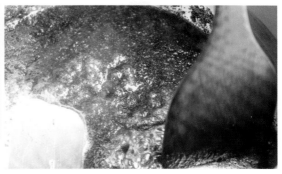

1 把捞出来的东风菜用流水冲洗后沥干水分。然后切碎，放入榨汁机里，同时放入低聚果糖一起打碎。

TIP 只有把东风菜切小切碎后再打，才能防止东风菜卷入榨汁机刀网，导致无法粉碎的现象。与低聚果糖一起打，能打得更细。

2 打碎的东风菜和低聚果糖一起放入锅里大火加热。加热过程中要用木勺匀速地不停搅拌，开始煮沸后，撒入果胶，用木勺不停搅拌至与其他材料完全混合均匀，防止果胶结块。然后加入柠檬汁，继续加热。

TIP 果胶彻底搅匀后再放柠檬汁，继续加热。因为东风菜没有土腥味，这点与蕨菜不同，所以不放苹果醋，而是放柠檬汁。先放柠檬汁，后放果胶的话，就会具备果胶发挥凝胶作用需要的条件，一放入果胶立即就凝固成团。因此柠檬汁必须最后放。

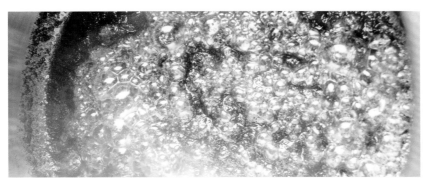

3 煮沸气泡变得越来越大时，用糖度计测量一下糖度，达到 75brix 时，停止加热。

125

装瓶保存

请装到这里为止噢！

1. 果酱做好后应立即装入干燥的瓶子内。

   装入的量不要过满，到瓶颈和瓶身之间的界线为止。

2. 用抹布把果酱装瓶过程中沾到瓶颈或瓶身上的果酱擦干净。

3. 装完之后应马上盖瓶盖。

   TIP 在果酱温度下降之前，必须要盖紧盖子，才能形成真空状态。趁热立即盖，瓶盖里面会结露珠，1~3 天后水分自动吸收到果酱里，因此不需要担心里面有微生物繁殖。

杀菌

请参照第 31 页。

冷却与真空密封的检查

1. 密封装瓶的果酱要放于室温中冷却到 30℃，再浸入冷水中。

2. 确认瓶盖完全密封好（发出啪啪的声音）之后，从冷水中取出。

保质期和保存方法

　　按照以上食谱制作而成的东风菜果酱（糖度在75brix以上）可以保存6个月以上。但是从开瓶那一刻起空气中的微生物很容易进入瓶中，为防止果酱变质，务必要放入冰箱冷藏。

For 适宜人群

想尝一尝新鲜口味的果酱控；

想预防或解决便秘的女士；

体力下降的男士；

容易醉酒的职场男士；

身体免疫力下降的女士和老年人.

enjoying

东风菜果酱这样吃

抹在面包、饼干上，尽情品味东风菜特有的香气和风味！

taste

东风菜果酱的味道

酸味　刚入口酸溜溜的，但吃下去之后嘴里留下的是东风菜的香味。

甜味　加热时间虽短，但与一般果酱相比，糖的含量高，吃起来很甜。

香味　酸爽可口，香味宜人。

原味　东风菜和柠檬汁的味道很好地交融在一起，能充分品尝东风菜的香味。

色泽　颜色比东风菜的本色更深一点。

浓度　水分充分蒸发，因此果酱的浓稠度正合适。

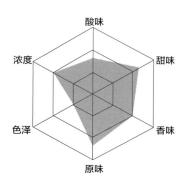

粉末果酱
制作方法

　　到现在为止，本书介绍了用水果、蔬菜、干野菜制作果酱的方法。接下来我要介绍如何用平时感到比较陌生的材料制作果酱的方法。

　　其实用粉末形态的食材也可以制作果酱，比如多种多样的谷物面、冻干水果的粉末等。粉末是在水果、谷物干燥的状态下磨碎的。换句话说，我们在制作果酱时要给粉末补充原来含有的水分，剩余的方法与其他果酱没什么太大的区别。

　　下面介绍的是食盐果酱和荞麦果酱的制作方法，这些果酱加热时间短，制作起来非常简单。

食盐果酱

　　当今时代还有比食盐更受到排斥的营养物质吗？现代人过量摄取钠，致使食盐在家常便饭的餐桌上也不再受到欢迎。实际上问题不在于食盐本身，而在于放了过多食盐的食品上。

　　没有糖人照常能活，但离开盐人类是无法生存的。因为盐里含有人类身体必不可少的营养成分，并在身体里发挥着功能。那么盐到底有什么功能呢？首先它能杀菌，促进消化，促进新陈代谢，将藏在细胞里的废物排出体外，净化血液，改善体质，使人体生理功能维持平衡。盐里含有大量钠元素，人体缺钠的话肌肉容易发生痉挛，容易感到疲劳，认知能力减弱，导致低血压，严重的话甚至会休克。现代人的生活提倡低盐饮食，因此越来越多的人实践着，但不能忘了盐可以为人体提供钠的事实。

　　盐大致分为两种，一种是海盐，一种是精盐。我做果酱用的是海盐。海盐是在阳光、海水和沙滩这样原生态环境下得到的，含丰富的锌、钠和钙等无机物，以及各种矿物质。作为果酱原料来使用，盐应该够资格吧。

功效

▸ 杀菌，促消化

▸ 将体内的废物排出体外

▸ 净化血液

▸ 保持匀称体形

营养成分含量表 (以100g计)

热量	蛋白质	脂肪	碳水化合物	钙	钠	钾
84kJ	0g	0g	5.1g	188mg	33565mg	343mg

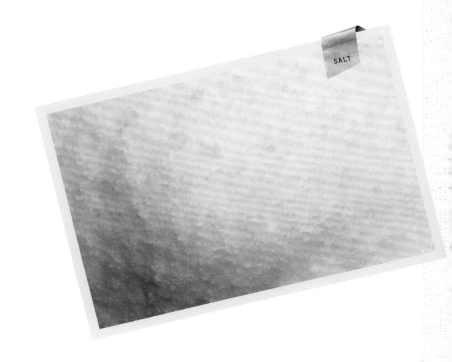

SALT

making
食盐果酱的制作

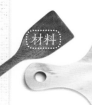
材料

海盐	5克
低聚果糖	160克
苹果醋	10克
果胶	3克

(果酱量: 130g, 糖度: 72brix)

制作食盐果酱时要注意加热时间。只能加热一次。如果在盐冷却的状态下再次加热，盐就会像麦芽糖一样凝固在一起。

玻璃瓶清洗与干燥

1. 把玻璃瓶清洗干净，然后圆侧面向下放在锅内，盛入高度为 1~2cm 的水，盖上锅盖。

   TIP 玻璃瓶若放置不对,煮的过程中易碎,这点务必多加注意! (请参考 24 页)

2. 煮 2~3 分钟消毒。

3. 掀开锅盖取出玻璃瓶，沥干瓶上的水，瓶口朝上放置，晾干备用。

材料的处理

把海盐和果胶混合在一起搅匀。

  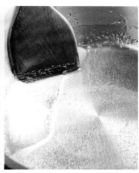

❶ 把低聚果糖放入锅里加热，煮沸后关火。　❷ 海盐和果胶混合后放入锅里。　❸ 果胶与其他材料充分混合后加入苹果醋。

❹ 用木勺搅拌至盐完全融化，就可以装瓶了。

133

装瓶保存

请装到
这里为止噢!

1. 果酱做好后应立即装入干燥的瓶子内。

   装入的量不要过满,到瓶颈和瓶身之间的界线为止。

2. 用抹布把果酱装瓶过程中沾到瓶颈或瓶身上的果酱擦干净。

3. 装完之后应马上盖瓶盖。

   TIP 在果酱温度下降之前,必须要盖紧盖子,才能形成真空状态。趁热立即盖,瓶盖里面会结露珠,1~3 天后水分自动吸收到果酱里,因此不需要担心里面有微生物繁殖。

杀菌

请参照第 31 页。

(在果酱温度下降的状态下装瓶的话,很难形成真空。如果以销售为目的的话,必须要彻底杀菌,密封严实。这时应该把果酱放入 80℃~90℃的热水里蒸,然后再装瓶。)

冷却与真空密封的检查

1. 密封装瓶的果酱要放于室温中冷却到 30℃,再浸入冷水中。

2. 确认瓶盖完全密封好(发出啪啪的声音)之后,从冷水中取出。

保质期和保存方法

按照以上食谱制作而成的食盐果酱糖度高,不含易变质的物质,因此比其他果酱保存时间更长。

For 适宜人群

想尝一尝新鲜口味的果酱控;
正在养成低盐饮食习惯,偶尔想补
充盐分的成年人.

enjoying

食盐果酱这样吃

1. 抹在面包、饼干上，尽情品味食盐原本的风味！
2. 与杏仁等坚果一起吃，味道绝配。
3. 用作坚果、荞麦饼的调味汁，吃起来别有一番风味。

taste

食盐果酱的味道

酸味　因为放了苹果醋，吃起来有种酸溜溜的味道。

甜味　尽管放入了较高比例的低聚果糖，糖度高，但由于咸味和苹果醋的香
　　　　味较浓，吃起来没有那么甜。

香味　苹果醋的香味和盐的咸味融合，香味温和。

原味　盐没有香味，但放入的苹果醋使果酱散发出香香的酸味。

色泽　颜色柔和，呈半透明的白色。

浓度　比市面上出售的果酱浓度稀。这是因为若
　　　　不尽量缩短加热时间，盐就会像麦芽糖
　　　　一样凝固在一起。

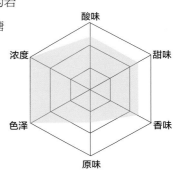

荞麦果酱

你了解荞麦吗?

　　一提荞麦, 大家是不是想到了面条、冷面、凉粉、饼之类的食品? 是的, 荞麦对我们来说很熟悉, 日常生活中我们所吃的许多食品都是用荞麦做的。它不仅使用方法多种多样,营养和功效也特别多。首先富含维生素和不饱和脂肪酸, 荞麦里含有的芦丁成分能增加血管壁的弹性和承受能力, 尤其对高血压和动脉硬化患者非常有益。芦丁还能燃烧堆积在腹部的脂肪, 而且人体所必需的氨基酸含量丰富, 能预防肥胖。

　　在植物性食品中, 荞麦被评价为蛋白质含量数一数二的植物。而且镁和膳食纤维含量丰富, 能加快肠蠕动, 促进消化, 预防便秘。荞麦对于经常喝酒的男士来说也十分有益, 里面含有的类黄酮成分具有促进肝脏排毒的功效, 因此经常喝酒和抽烟的人可以多吃。

　　总之, 荞麦是一种集多种营养成分于一身的食材。但中医学认为荞麦性凉, 体寒的人摄取过量的话, 容易引起腹泻、消化不良等症状。

　　用我们熟悉的荞麦做成果酱, 也能演绎出不一样的口味。下面让我们一起看看荞麦果酱的做法吧。

原产地

中国东北等地区

成熟季节

10~12 月份

功效

▶ 预防高血压和动脉硬化

▶ 预防肥胖，帮助减肥

▶ 预防便秘

▶ 帮助体内废物排出体外

营养成分含量表 (以100g计)

热量	蛋白质	脂肪	碳水化合物	钙	钾	维生素A
1528.8kJ	13.4g	2.8g	69.6g	6mg	485mg	31RE

making

荞麦果酱的制作

材料	
荞麦粉	10g
低聚果糖	150g
苹果醋	15g
果胶	1g

（果酱量: 120g, 糖度: 68brix）

玻璃瓶清洗与干燥

1. 将玻璃瓶洗净，圆侧面朝下放入锅里，盛入高度为 1~2cm 的水，盖上锅盖。

   TIP 玻璃瓶若放置不对, 煮的过程中易碎, 这点务必多加注意! （请参考 24 页）

2. 煮 2~3 分钟消毒。

3. 掀开锅盖取出玻璃瓶，沥干瓶子上的水，瓶口朝上放置，晾干备用。

材料的处理

把荞麦粉和果胶混合在一起搅匀。

❶ 把低聚果糖放入锅里加热，煮沸后关火。

❷ 荞麦面和果胶混合后放入锅里。

❸ 果胶与其他材料充分混合后加入苹果醋。

TIP 荞麦面口感比较粗糙，为了解决这一问题，比起柠檬汁，加苹果醋之后的效果更好。

❹ 达到果酱适当的浓度后，再小火加热 3~5 分钟。

装瓶保存

请装到这里为止噢!

1. 果酱做好后应立即装入干燥的瓶子内。

   装入的量不要过满，装到瓶颈和瓶身之间的界线为止。

2. 用抹布把果酱装瓶过程中沾到瓶颈或瓶身上的果酱擦干净。

3. 装完之后应马上盖瓶盖。

   TIP 在果酱温度下降之前，必须要盖紧盖子，才能形成真空状态。趁热立即盖，瓶盖里面会结露珠，1~3 天后水分自动吸收到果酱里，因此不需要担心里面有微生物繁殖。

杀菌

请参照第 31 页。

冷却与真空密封的检查

1. 密封装瓶的果酱要置于室温中冷却到 30℃，再浸入冷水中。

2. 确认瓶盖完全密封好（发出啪啪的声音）之后，从冷水中取出。

保质期和保存方法

按照以上食谱制作而成的荞麦果酱富含蛋白质，由于这一特性，与其他果酱相比，荞麦果酱的保存时间会短一些，一般为4~6个月。

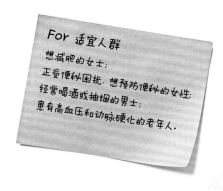

For 适宜人群

想减肥的女士；

正受便秘困扰、想预防便秘的女性；

经常喝酒或抽烟的男士；

患有高血压和动脉硬化的老年人。

enjoying

荞麦果酱这样吃

1. 抹在面包、饼干上，尽情品味荞麦果酱本身的风味！
2. 与杏仁等坚果一起吃，味道绝配。

taste

荞麦果酱的味道

酸味　因为放了苹果醋，吃起来有酸溜溜的味道。

甜味　尽管放入了较高比例的低聚果糖，糖度高，但由于荞麦和苹果醋的香
　　　　味较浓，吃起来没有那么甜。

香味　苹果醋的香气为果酱增添了香味。

原味　荞麦本身香味就不浓，苹果醋的香味遮盖了原材料的香味。

色泽　颜色柔和，呈浅灰色。

浓度　比市面上出售的果酱浓度稀。这是因为若超过配方上规定的加热时间，
　　　　荞麦就会像麦芽糖一样凝固成团。

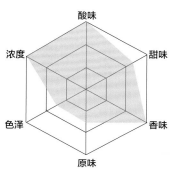

143

谷物果酱
制作方法

　　谷物的主要成分是碳水化合物。因此谷物果酱的制作方法与其他果酱大同小异，区别在于需要多放糖，以保证果酱能长期保存。

　　在这里我要介绍给大家的是大米果酱和黑豆果酱。大米是日常生活中最常见的食材，黑豆呢，是公认的营养价值极高的谷物。

　　健康手工果酱，让我们一起动手做起来吧！

大米果酱

你了解大米吗?

　　每个人都有天天见面的人、天天使用的东西，对于此人此物，我们自以为再熟悉不过了，可真要问起来，总是无言以对。我想，大米对我们来说就是这样的存在吧。比如，如果问大米有什么功效，能满怀自信回答上来的人应该不多吧?

　　近年来我们的日常饮食越来越西洋化，大米随之受到冷落。事实上作为主食，大米是再理想不过的主食了。大米含有碳水化合物、蛋白质、铁和钾等无机物，为人体提供全面的营养，因此可以称为"全面营养食品"。大米具有恢复体力、补中益气、保证大脑正常运作的功效。大米中含有丰富的维生素，维生素 E 能延缓衰老，维生素 B 能帮助身体排毒。大米中含有大量的膳食纤维，能有效缓解便秘。《东医宝鉴》中记载，大米能健脾和胃、止泻、滋补元气。

　　有很多人因为大米中碳水化合物含量高，而远离大米。其实引发成人病的反而是含大量蛋白质和脂肪的西方饮食。为了重新发现越来越远离我们餐桌的大米的独特风味，我尝试制作了大米果酱。接下来就具体了解一下它的制作方法吧。

原产地

东南亚地区

功效

▸补中益气　　▸增强体力

▸帮助排毒　　▸预防便秘

▸延缓衰老　　▸保证大脑的正常运作

成熟季节

9~10 月份

营养成分含量表 *(以100g计)*

热量	蛋白质	脂肪	碳水化合物	灰分	钙	钾	维生素A
1524.6kJ	6.4g	0.4g	79.5g	0.4g	7mg	170mg	1RE

RICE

making

···
大米果酱的制作

 **材料**

大米 —	100g
低聚果糖	200g
水	50g
柠檬汁	5g
果胶	1.5g

（果酱量: 210g, 糖度: 70brix）

玻璃瓶清洗与干燥

1. 将玻璃瓶洗净，圆侧面朝下放入锅里，盛入高度为 1~2cm 的水，盖上锅盖。

   TIP 玻璃瓶若放置不对，煮的过程中易碎，这点务必多加注意!（请参考 24 页）

2. 煮 2~3 分钟消毒。

3. 掀开锅盖取出玻璃瓶，沥干瓶子上的水，瓶口朝上放置，晾干备用。

材料的处理

把大米蒸熟。

  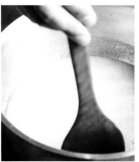

1 把蒸好的米饭、低聚果糖、果胶、柠檬汁一同放入搅拌机打碎。

TIP 大米果酱的加热时间短，水分少，果胶不容易混合均匀，所以果胶、柠檬汁要同时放入。

2 打碎的材料放入锅里加热。加热时要匀速搅拌，以防材料粘成团烧煳。

TIP 不充分搅拌的话，低聚果糖就会烧焦，发出糖稀味儿，影响果酱的口味。

3 锅里的材料煮沸后，再添点儿水继续加热，并不停地搅拌。

4 气泡变大、气泡壁增厚时，用糖度计测定糖度，若达到70brix，即可关火。

装瓶保存

请装到这里为止噢!

1. 果酱做好后应立即装入干燥的瓶子内。

   装入的量不要过满,装到瓶颈和瓶身之间的界线为止。

2. 用抹布把果酱装瓶过程中沾到瓶颈或瓶身上的果酱擦干净。

3. 装完之后应马上盖瓶盖。

   TIP 在果酱温度下降之前,必须要盖紧盖子,才能形成真空状态。趁热立即盖,瓶盖里面会结露珠,1~3 天后水分自动吸收到果酱里,因此不需要担心里面有微生物繁殖。

杀菌

请参照第 31 页。

冷却与真空密封的检查

1. 密封装瓶的果酱要置于室温中冷却到 30℃,再浸入冷水中。

2. 确认瓶盖完全密封好(发出啪啪的声音)之后,从冷水中取出。

保质期和保存方法

　　按照以上食谱制作而成的大米果酱(糖度达到70brix以上)可以保存4~6个月。但从开瓶那一刻起空气中的微生物很容易会进入瓶中,为防止果酱变质,开瓶后务必放入冰箱中冷藏保存。

For 适宜人群
喜欢尝试新口味的果酱控;
需要保持大脑活力的考生;
习惯了西方饮食的青少年。

enjoying
大米果酱这样吃

抹在面包、饼干上，尽情品味大米果酱的风味！

taste
大米果酱的味道

酸味 虽然放了柠檬汁，但大米是主材料，所以吃起来清淡中带着一丝酸味。

甜味 为了果酱能长期保存，放了较多的低聚果糖，糖度高，吃起来很甜。

香味 以清淡为主，夹杂着淡淡的酸味，基本上没有浓香味。

原味 大米本身香味很淡，加上放了大量的糖，因此基本吃不出大米的味道。

色泽 颜色呈牛奶色，看上去素净。

浓度 比市面上出售的果酱浓度稀一些，但大米中含有的蛋白质成分，让果酱吃起来有黏性。

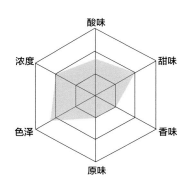

黑豆果酱

你了解黑豆吗?

曾经一段时间有色食品被认为更健康，因此食用有色食品成为一股潮流，其中对黑豆的关注度大幅提升。黑色食品中黑豆越来越受到人们的喜爱，至今为止这种潮流依然不减。其实早在有色食品流行之前，韩国人就认为黑豆是"地里长出的牛肉"，可见黑豆的营养价值之高。黑豆是豆皮发黑的豆类的统称，其中有小黑豆(鼠目豆)、乌皮青仁豆、乌皮黄仁豆等种类。

黑豆对易脱发的男士来说是再好不过的食物了。因为黑豆里富含毛发生长所需的半胱氨酸成分。蛋白质也很丰富，对于缺乏蛋白质而掉发的现象也能起到很好的效果。

黑豆对处于更年期的女性来说也是极好的食补材料。它里面含有的大豆异黄酮是类似于女性雌激素的成分，能够预防因激素分泌不足引起的脸面通红、内心不安、睡眠障碍等症状。此外还含有花青素和胡萝卜素，能延年益寿，抗衰老。

学习非常紧张的考生要多吃黑豆。因为黑豆中含有的乙酰胆碱、大豆卵磷脂成分，可以提高记忆力，促进神经传导，提高大脑思维的活跃化程度。除此之外，黑豆具有良好的排毒、抗肿瘤、改善血液循环等功效。不管男女老少，黑豆都是一种极具营养价值的"全能谷物"。

原产地

中国东北地区

成熟季节

10 月份

功效

▶防脱发　　▶改善血液循环

▶抗肿瘤　　▶排毒

▶缓解更年期症状

▶提高大脑活动的活跃性

营养成分含量表 *(以100g计)*

热量	蛋白质	脂肪	碳水化合物	灰分	钙	钾
1768.2kJ	35.2g	18.2g	31.1g	4.5g	220mg	168mg

BLACK SOYBEAN

making

黑豆果酱的制作

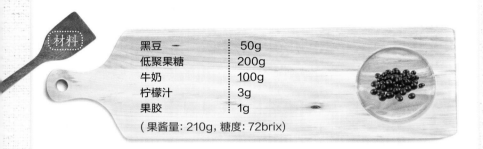

材料

黑豆	50g
低聚果糖	200g
牛奶	100g
柠檬汁	3g
果胶	1g

(果酱量: 210g, 糖度: 72brix)

玻璃瓶清洗与干燥

1. 将玻璃瓶洗净，圆侧面朝下放入锅里，盛入高度为 1~2cm 的水，盖上锅盖。

   TIP 玻璃瓶若放置不对, 煮的过程中易碎, 这点务必多加注意! (请参考 24 页)

2. 煮 2~3 分钟消毒。

3. 掀开锅盖取出玻璃瓶，沥干瓶子上的水，瓶口朝上放置，晾干备用。

材料的处理

把黑豆洗净。

❶ 把黑豆放入锅里倒水加热，水要浸过黑豆。煮沸后调为小火继续加热15分钟左右，然后捞出。

❷ 把黑豆、低聚果糖和牛奶一同放入搅拌机打碎。

❸ 打碎后倒入锅里加热。加热时要匀速搅拌，以防材料粘成团烧糊。

TIP 不充分搅拌的话，低聚果糖就会烧焦，发出糖稀味儿，影响果酱的口味。

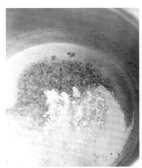

❹ 锅里的材料煮沸后，加入果胶，搅拌均匀，再放入柠檬汁。

❺ 一直加热至材料开始变得浓稠，气泡变大、气泡壁增厚时，用糖度计测定糖度，若达到72brix，即可关火。

装瓶保存

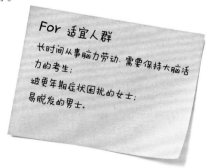

请装到这里为止噢!

1. 果酱做好后应立即装入干燥的瓶子内。

   装入的量不要过满，到瓶颈和瓶身之间的界线为止。

2. 用抹布把果酱装瓶过程中沾到瓶颈或瓶身上的果酱擦干净。

3. 装完之后应马上盖瓶盖。

   TIP 在果酱温度下降之前，必须要盖紧盖子，才能形成真空状态。趁热立即盖，瓶盖里面会结露珠，1~3 天后水分自动吸收到果酱里，因此不需要担心里面有微生物繁殖。

杀菌

请参照第 31 页。

冷却与真空密封的检查

1. 密封装瓶的果酱要放于室温中冷却到 30℃，再浸入冷水中。

2. 确认瓶盖完全密封好（发出啪啪的声音）之后，从冷水中取出。

保质期和保存方法

按照以上食谱制作而成的黑豆果酱（糖度达到70brix以上）可以保存6个月以上。但从开瓶那一刻起空气中的微生物很容易会进入瓶中，为防止果酱变质，开瓶后务必放入冰箱中冷藏保存。

For 适宜人群

长时间从事脑力劳动，需要保持大脑活力的考生；

被更年期症状困扰的女士；

易脱发的男士。

enjoying
黑豆果酱这样吃

1. 抹在面包、饼干上，尽情品味黑豆果酱的风味！
2. 与切糕一起吃，味道绝配！

taste
黑豆果酱的味道

酸味 虽然放了柠檬汁，但因为黑豆是主材料，所以吃起来清淡中带着一丝酸味。

甜味 为了果酱能长期保存，提高了糖度，吃起来甜味较重。

香味 基本上没有浓香味，以牛奶和黑豆的清淡为主。

原味 黑豆本身香味很淡，加上糖度高，因此基本尝不出黑豆的味道。

色泽 黑豆表皮的黑色与其他材料的白色混合，因此果酱的颜色为黑白混色。

浓度 比市面上出售的果酱黏性大一些。

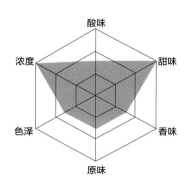

风味果酱
制作方法

　　目前为止，我开发的果酱种类繁多，仅基本配方就达 150 种，再以此为基础，能够做出 400-500 种果酱。我之所以能开发出如此多的果酱，得益于开手工果酱专卖店过程中，各种不同的人群给我提了很多意见和建议，让我产生了灵感。

　　其中我想小白兔胡萝卜果酱就很有代表性。记得那是专卖店正式开业不久，有很多妈妈们接二连三地要求做胡萝卜酱，因为蔬菜中孩子们最不喜欢吃的要数胡萝卜了。小白兔胡萝卜果酱制作过程中，经过数十次尝试和失败才最终做成。但与此同时，看到那么多人对果酱反应相当不错，我觉得自己的付出有意义，很值得。除了胡萝卜果酱，本章中要介绍的风味果酱同样是听取了周围人们的意见之后我开发的。

　　下面就介绍一下使用很难在果酱料理书中找到的材料制作的风味果酱吧。

米酒果酱

定居济州岛后，我遇见了视济州米酒如宝的李海（意译）室长。未见过李室长以前，我只知道他在米酒公司上班而已。

后来慢慢跟李室长熟悉亲近起来，有一天聚在一起吃饭的时候聊起了米酒。李室长跟我们讲关于米酒的各种各样的趣闻，说着说着突然停了下来盯着我看，仿佛突然想起了什么，跟我说："话说回来，怎么没有米酒果酱呢？"

李室长知道我用数百种材料做过果酱，可能顿时对米酒果酱产生好奇心了吧。说实话，当时我都从未想过用米酒来制作果酱。

开发米酒果酱的动机是不是很单纯？其实大部分果酱的开发，其动机都很简单。米酒果酱制作成功前经历了太多的难关，最让我苦恼的是颜色。如果只放米酒，尽管做出了呈白色的果酱，但非常浑浊，就连做出果酱的我都不想吃，更别说增进食欲了。于是就想怎么改变米酒果酱的色相呢？然后想到了利用菜苗，做出的果酱呈粉色。但有得就有失，菜苗的味道又破坏了果酱的口味。于是换用火焰菜代替菜苗，这次做成的果酱呈红色，看上去能刺激食欲的样子。一个问题解决，紧接着下一个问题又来了。那就是加热时间越长，颜色越浅，因此做好果酱后，火焰菜的红色已经淡了很多。最后我选择了冷冻树莓。这次尝试非常成功，颜色鲜丽，能引起食欲，而且不破坏口味，树莓与米酒是一对十分理想的组合。

第二大难关是浓度。这次的材料不是水果，也不是蔬菜，而是米酒，瓶

RICE-WINE

底还有沉淀物，想要保持米酒果酱有一定浓度不是一件容易的事，要不稀了，要不稠得都要凝固了。经过无数试验，在用少量米酒制作过程中用木勺搅拌锅底时，我发现了一个重要事实。当产生一定浓度时，木铲刮锅底的声音会产生变化。这个声音很难用语言来表达，大概就是由"咕噜咕噜"开始发出"滋滋滋"声音时那一刻吧？听声音，感觉这个浓度正好了，用糖度计一量，果然，显示 66brix。因此之后再做，糖度计达到 66brix 即可停止加热。

制作米酒果酱时，必须要加热米酒，因此米酒特有的味道会散发出来。不喜欢酒或对气味敏感的人士可能不爱吃米酒果酱。所以我建议尽量在通风的地方一次性做少量果酱。米酒果酱的味道确实与众不同。有些朋友不喜欢喝酒，但喜欢含酒面包，如果是这样，可以在附近超市买好面包片，抹上米酒果酱吃。米酒果酱与面包搭配，能让我们品味到米酒果酱的独特口味。好的，那我们开始制作米酒果酱吧！

making

米酒果酱的制作

材料	
米酒（浓稠的瓶底部分）	200g
低聚果糖	200g
冷冻树莓	10~15 颗
柠檬汁	5g
果胶	6g

（果酱量: 300g, 糖度: 66brix）

玻璃瓶清洗与干燥

1. 将玻璃瓶洗净，圆侧面朝下放入锅里，盛入高度为 1~2cm 的水，盖上锅盖。

    TIP 玻璃瓶若放置不对, 煮的过程中易碎, 这点务必多加注意! (请参考 24 页)

2. 煮 2~3 分钟消毒。

3. 掀开锅盖取出玻璃瓶，沥干瓶子上的水，瓶口朝上放置，晾干备用。

材料的处理

把瓶装济州米酒底部浓稠的部分单独盛出 200 克。

TIP 开瓶前绝对不能摇晃瓶子, 因为浮在上部的清酒不适合用来制作果酱。

164

  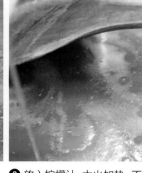

❶ 把米酒、低聚果糖、树莓放入锅里大火加热。

❷ 煮沸后放入果胶，拌均匀。

TIP 果胶很容易凝固，不容易混合均匀。我认为这是因为米酒里含有"酸"。果胶搅不匀的话可以用手持搅拌机打碎。

❸ 放入柠檬汁，大火加热，不停搅拌。

TIP 米酒大部分成分是水，在短时间内让水分蒸发非常关键。加热时间过长，会产生异味，因此要大火加热，并用木铲快速搅拌。

❹ 气泡变大、气泡壁增厚时，用糖度计测量，数值显示66brix，即可停止加热。

TIP 煮的时候发出的声音产生变化的那一刻关火。

装瓶保存

请装到
这里为止噢!

1. 果酱做好后应立即装入干燥的瓶子内。

   装入的量不要过满,到瓶颈和瓶身之间的界线为止。

2. 用抹布把果酱装瓶过程中沾到瓶颈或瓶身上的果酱擦干净。

3. 装完之后应马上盖上瓶盖。

   TIP 在果酱温度下降之前,必须要盖紧盖子,才能形成真空状态。趁热立
   即盖,瓶盖里面会结露珠,1~3 天后水分自动吸收到果酱里,因此不
   需要担心里面有微生物繁殖。

杀菌

请参照第 31 页。

冷却与真空密封的检查

1. 密封装瓶的果酱要放于室温中冷却到 30℃,再浸入冷水中。

2. 确认瓶盖完全密封好之后再取出玻璃瓶。

保质期和保存方法

　　按照以上食谱制作而成的米酒果酱(糖度为66brix以上)可保存3个月以
上。要想保持果酱的味道始终如一,即使未开封也要放入冰箱冷藏保存。
(开瓶后空气进入,保存时间会大幅缩短。)

For 适宜人群
喜欢含酒面包的女士;
喜欢新奇口味的果酱控;
爱喝米酒的男士。

enjoying

抹在面包、饼干上，尽情品味米酒果酱的风味！特别是抹在面包片上，能制造出与含酒面包完全一样的独特口味。

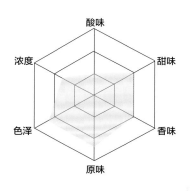

taste

米酒果酱的味道

酸味　米酒本身带有酸味，再加上柠檬汁的酸，但由于糖度较高，遮盖了大部分酸味。

甜味　与原材料的量相比，糖量比重很高，所以吃起来很甜。

香味　米酒本身有一股特别的香味，因此果酱也有这种香味，但加热时产生的独特味道，根据每个人的口味爱好，有的人喜欢，有的人可能吃不惯。

原味　米酒本身味道较强，做成果酱后也能尝出米酒的味道。

色泽　添加了冷冻树莓，颜色呈粉色，能增进食欲。

浓度　与其他种类的果酱相比，浓度略稀。

酸味

浓度　　　　　　甜味

色泽　　　　　　香味

原味

167

裙带菜果酱

济州岛手工果酱专卖店开业的时候，附近也新开了一家宾馆。因为是同时开业，都是新手，自然而然就认识了，有事的时候互相帮忙，渐渐地熟起来，成了兄弟相称的关系。一天早晨，宾馆大哥给我打电话，说要一起吃早饭。本来我很少吃早饭，可大哥邀请我，也没多想就去了他的宾馆。进去之后，大哥祝我生日快乐，还把一碗放入牛肉的裙带菜汤端到了我面前。哦，今天是我的生日，连我自己都忘得一干二净，邻居大哥竟然为我记得。那种感动难以言表，什么话也不说就吃起饭来。那天的裙带菜汤格外好吃。同时，我脑子里闪过一个灵感——"用裙带菜能不能做成果酱呢？"

一回到家我就立即尝试裙带菜果酱的制作。不知道是不是从一大早就开始琢磨的缘故，那天幸运之神光顾了我，让我一次就做成功了。这样我的生日也就成了裙带菜果酱的生日。

制作裙带菜果酱时，关键是如何去掉裙带菜的腥味。亲眼见过裙带菜果酱并尝过的顾客都非常惊讶，裙带菜的腥味一般很难去除，好奇我是怎么做到的。赶紧告诉大家吧，为了去腥味，我用的是肉桂粉和啤酒。添加这两种材料做出来的果酱，对其味道的喜好，从小孩到35岁左右的人群反应各不相同。35岁以上的人群大多对果酱的口味表示很满意。出现这种情况归根到底应该是肉桂粉的味道太强烈的缘故，一般年轻人对这种味道很反感。

即将要介绍的裙带菜果酱制作配方里没有添加啤酒。添加啤酒的话，啤酒特有的味道与裙带菜和肉桂的味道搭配在一起，会组合成一种难以描述的

SPECIAL JAM

奇特味道。但由于啤酒会产生过多泡沫，对果酱制作方法还比较生疏的话，制作过程中可能会发生外溢的突发状况。下面就告诉大家不用啤酒，做裙带菜果酱的方法吧。

UNDARIA
PINNITAFIDA

SPECIAL
JAM

making

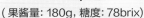

裙带菜果酱的制作

 材料

干裙带菜	50g
低聚果糖	250g
肉桂粉	4g
柠檬汁	3g
果胶	2g

（果酱量: 180g, 糖度: 78brix）

玻璃瓶清洗与干燥

1. 将玻璃瓶洗净，圆侧面朝下放入锅里，盛入高度为 1~2cm 的水，盖上锅盖。

   TIP 玻璃瓶若放置不对, 煮的过程中易碎, 这点务必多加注意! （请参考 24 页）

2. 煮 2~3 分钟消毒。

3. 掀开锅盖取出玻璃瓶，沥干瓶子上的水，瓶口朝上放置，晾干备用。

材料的处理

把干裙带菜放在热水中泡大约 5 分钟。

   TIP 首先要把裙带菜切小，才能更快更彻底地将其打碎。

❶ 把裙带菜、低聚果糖、柠 ❷ 打碎后盛在锅里大火加热。 ❸ 大火继续加热，并不停
檬汁、果胶、肉桂粉一起 地迅速搅拌，以防材料
放入榨汁机里完全打碎。 粘锅。

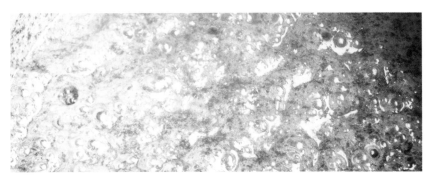

❹ 气泡变大、气泡壁增厚时，用糖度计测量，数值显示
78brix，即可停止加热。

请装到
这里为止噢!

装瓶保存

1. 果酱做好后应立即装入干燥的瓶子内。

   装入的量不要过满，到瓶颈和瓶身之间的界线为止。

2. 用抹布把果酱装瓶过程中沾到瓶颈或瓶身上的果酱擦干净。

3. 装完之后应马上盖瓶盖。

   TIP 在果酱温度下降之前，必须要盖紧盖子，才能形成真空状态。趁热立即盖，瓶盖里面会结露珠，1~3 天后水分自动吸收到果酱里，因此不需要担心里面有微生物繁殖。

杀菌

请参照第 31 页。

冷却与真空密封的检查

1. 密封装瓶的果酱要放于室温中冷却到 30℃，再浸入冷水中。

2. 确认瓶盖完全密封好之后取出玻璃瓶。

保质期和保存方法

　　按照以上食谱制作而成的裙带菜果酱（糖度为78brix以上）可保存6个月以上。但从开瓶那一刻起，微生物极易通过空气进入果酱，造成果酱变质，因此开瓶后务必要放入冰箱冷藏保存。

For 适宜人群

处于成长期不喜欢裙带菜的青少年;

受便秘之苦或预防便秘的女士;

喜欢尝试新口味的果酱控;

喜欢裙带菜的老年人。

174

enjoying

裙带菜果酱这样吃

可以抹在面包、饼干上吃。

taste

裙带菜果酱的味道

酸味　果酱的甜味和肉桂味强烈，基本吃不出酸味来。

甜味　与原材料的量相比，糖量比重很高，吃起来很甜。

香味　裙带菜本身的香味与肉桂香结合，使果酱吃起来有股香味。

原味　为了去除腥味，放入的肉桂粉相对来说味道强烈，原材料裙带菜的味道就被盖住了。

色泽　果酱的颜色由肉桂和裙带菜的颜色搭配起来，呈深色。

浓度　与市售果酱的浓度差不多，但裙带菜本身有韧劲，所以果酱吃起来略有黏糊糊的口感。

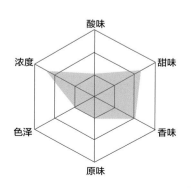

红虾果酱

一天，手工果酱专卖店正在营业中。来济州岛观光的游客多，以家庭为单位来店里购买果酱的人也格外多。那天一如往常，游客进店后忙着尝尝这种，品品那种，但唯独有一个看上去像父亲的人一直默默地站在那里，也不品尝果酱。

于是我上前建议他稍微尝一尝，但他说不喜欢吃甜，所以几乎不吃果酱。那一刻他手上拿着的"虾条"格外显眼。看着这么多种类的果酱，却无动于衷。我目送他走出专卖店的一瞬，脑海里产生了这样的想法——能否用洋葱和虾之类的材料做出口味微咸的果酱？红虾果酱也就以此为契机诞生了。要想用红虾做果酱，首先要解决的是海鲜的腥味，红虾的腥味不知道要比海带重多少倍呢。如何去腥味是制作果酱前必须要考虑的。其实还有一大难关，就是如何充分在保有虾的香味的同时做出咸果酱来。但去海带的腥味时用到的肉桂粉与咸味不搭，需要另找方法才行。

最后我发现可以用花椒来去腥。这是从煮辣汤或泥鳅汤时放入少许花椒去腥得到的启发。花椒虽然味道独特，但可以跟咸味很搭配。这是与肉桂粉不同的。

研制过程中我分别使用了两种方法来做。一种是先煮干虾，倒掉水之后做主材料，一种是直接打碎干虾来使用。不管怎么说，我认为彻底去掉虾的腥味不太好，稍微保留一点儿腥味，这样才能吃出主材料特有的香味。鉴于这一点，我选择了后一种方法来制作红虾果酱。

SHRIMP

making

....

红虾果酱的制作

材料

干红虾	20g
低聚果糖	250g
花椒粉	1/3 茶匙
柠檬汁	2g
果胶	2g

(果酱量: 190g, 糖度: 78brix)

玻璃瓶清洗与干燥

1. 将玻璃瓶洗净，圆侧面朝下放入锅里，盛入高度为 1~2cm 的水，盖上锅盖。

   TIP 玻璃瓶若放置不对, 煮的过程中易碎, 这点务必多加注意! (请参考 24 页)

2. 煮 2~3 分钟消毒。

3. 掀开锅盖取出玻璃瓶，沥干瓶子上的水，瓶口朝上放置，晾干备用。

材料的处理

干红虾和果胶用搅拌机完全打碎。

   TIP 干燥后的材料和低聚果糖放在一起，很难打碎。

❶ 把打碎的干虾、低聚果糖、柠檬汁、果胶、花椒粉一起放进锅里大火加热。

❷ 加热过程中慢慢搅拌,以防材料粘锅。

TIP 如果不好好搅拌,低聚果糖很容易烧焦,产生糖稀味儿,影响到果酱的口味。

❸ 气泡变大、气泡壁增厚时,糖度计数值显示 78brix,停止加热。

请装到
这里为止噢!

装瓶保存

1. 果酱做好后应立即装入干燥的瓶子内。

   装入的量不要过满，到瓶颈和瓶身之间的界线为止。

2. 用抹布把果酱装瓶过程中沾到瓶颈或瓶身上的果酱擦干净。

3. 装完之后应马上盖瓶盖。

   TIP 在果酱温度下降之前，必须要盖紧盖子，才能形成真空状态。趁热立即盖，瓶盖里面会结露珠，1~3 天后水分自动吸收到果酱里，因此不需要担心里面有微生物繁殖。

杀菌

请参照第 31 页。

冷却与真空密封的检查

1. 密封装瓶的果酱要放于室温中冷却到 30℃，再浸入冷水中。

2. 确认瓶盖完全密封好（发出啪啪的声音）之后，从冷水中取出。

保质期和保存方法

按照以上食谱制作而成的红虾果酱（糖度为78brix以上）可保存6个月以上。但从开瓶那一刻起，微生物极易通过空气进入果酱，造成果酱变质，因此开瓶后务必要放入冰箱冷藏保存。

For 适宜人群

偏爱吃肉的成长期青少年；
喜欢吃虾和鱿鱼等咸味海鲜的男女士。

enjoying
红虾果酱这样吃

可以抹在面包、饼干上吃，充分品尝红虾特有的香味。

taste
红虾果酱的味道

酸味　果酱的甜味和虾肉味比较强烈，酸味较少。

甜味　与原材料的量相比，糖量比重高，吃起来很甜。

香味　低聚果糖的味道与咸味搭配在一起，吃起来很香。

原味　虽然添加了很多花椒和低聚果糖，但还是保留了红虾的原汁原味。

色泽　果酱的底色是红虾的红色，混合着花椒粉和白色虾肉，颜色比较独特。

浓度　比市售果酱口味要重。

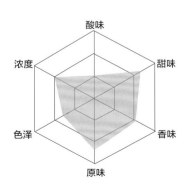

豆腐果酱

　　我的博客里分享着很多种果酱的食谱配方。平时有很多朋友访问博客，并给我留言，咨询果酱的制作方法等。其中一位平时与我走得很近的邻居向我提了个问题。他的朋友刚开了一家带鱼店，火辣的调料可以说是这家店的特色。当然，很多重口味的人喜欢辛辣，可也有很多因为太辣太刺激不敢吃的顾客。他问我有没有一种果酱可以用做辛辣食物的调料。到现在为止我做的果酱基本都是抹在面包或饼干上吃，邻居希望有一种可以用在其他食物制作中的果酱。从那时候开始我就一直想做出这样的果酱。

　　细想一下，吃辛辣的带鱼时搭配的调料口味有点儿咸、辣中带甜，那么得有一种能中和辣味的清淡香味才行。不知从哪儿来的自信，我觉得肯定会有这样一种果酱。

　　第一步要寻找合适的材料，我脑子里立刻就想到了最合适的食材，那就是豆腐。这一步非常简单就解决了。

　　但豆腐有一点不好就是蛋白质含量高，容易变质。在思考如何解决的过程中突然想到了济州岛特产——野鸡麦芽糖。野鸡麦芽糖是把野鸡肉放进小米酿的米酒里熬制而成的，可以长时间保存，不变质的功臣就在于"糖度"。

　　以此类推，豆腐果酱也含有蛋白质成分，如果让它维持一定糖度的话，应该不会轻易变质。于是我马上把这种想法付诸实践，添加比一般水果果酱更多的低聚果糖和酸，成功制作出了豆腐果酱。如预期一样，豆腐果酱能中和一部分辛辣，吃起来多了一份清淡香味。称其为果酱毫不过分，它用途多样，既可以用作调料，也可以抹在面包和饼干上吃。作为果酱制作者，我为自己的工作由衷地感到开心。

making
豆腐果酱的制作

材料

豆腐	100g
低聚果糖	200g
柠檬汁	6g
果胶	1.5g

(果酱量: 220g, 糖度: 66brix)

玻璃瓶清洗与干燥

1. 将玻璃瓶洗净，圆侧面朝下放入锅里，盛入高度为 1~2cm 的水，盖上锅盖。

   TIP 玻璃瓶若放置不对, 煮的过程中易碎, 这点务必多加注意! (请参考 24 页)

2. 煮 2~3 分钟消毒。

3. 掀开锅盖取出玻璃瓶，沥干瓶子上的水，瓶口朝上放置，晾干备用。

材料的处理

基本不需要特别处理。

❶ 把豆腐、低聚果糖、果胶 **TIP** 果胶从一开始就要放入。 ❷ 放入柠檬汁大火加热。
一起放锅里大火加热。当 低聚果糖受热开始变稀的
锅边部分开始轻微煮沸时, 时候, 立即用手持搅拌机
关火, 倾斜锅, 然后由手持 打碎的话能打得很彻底,
搅拌机将锅里的材料打碎。 减少工序的烦琐。

❸ 气泡变大、气泡壁增厚时, 糖度计数值显示 66brix, 停止
加热。

装瓶保存

请装到
这里为止噢!

1. 果酱做好后应立即装入干燥的瓶子内。

    装入的量不要过满，到瓶颈和瓶身之间的界线为止。

2. 用抹布把果酱装瓶过程中沾到瓶颈或瓶身上的果酱擦干净。

3. 装完之后应马上盖瓶盖。

    TIP 在果酱温度下降之前，必须要盖紧盖子，才能形成真空状态。趁热立即盖，瓶盖里面会结露珠，1~3 天后水分自动吸收到果酱里，因此不需要担心里面有微生物繁殖。

杀菌

请参照第 31 页。

冷却与真空密封的检查

1. 密封装瓶的果酱要放于室温中冷却到 30℃，再浸入冷水中。

2. 确认瓶盖完全密封好（发出啪啪的声音）之后，从冷水中取出。

保质期和保存方法

按照以上食谱制作的豆腐果酱（糖度为66brix以上）可保存3个月以上。但从开瓶那一刻起，微生物极易通过空气进入果酱，造成果酱变质，因此开瓶后务必要放入冰箱冷藏保存。

For 适宜人群

不爱吃豆腐的成长期青少年；
喜欢吃辣的女士；
口味较重的男士；
想尝一尝新奇口味的果酱控.

188

enjoying

豆腐果酱这样吃

1. 可以抹在面包、饼干上吃，充分品尝豆腐的香味。
2. 吃带鱼、海鲜等辛辣食物时，搭配豆腐果酱，口感清爽，打造出甜甜的可口风味。

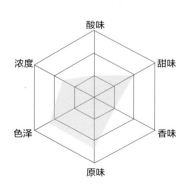

taste

豆腐果酱的味道

酸味 清淡的豆腐味中和了酸味，因此果酱酸味不重。

甜味 与原材料的量相比，糖量比重高，吃起来很甜。

香味 豆腐虽然很清淡，香味较浓，但果酱吃起来并不是很香。

原味 能充分品尝到豆腐的原汁原味。

色泽 颜色呈豆腐白，能刺激食欲。

浓度 比市售果酱浓度略微稀一些。

贻贝果酱

　　朋友们，提到济州岛，大家脑海中会浮现出怎样的景象？是不是强烈的阳光、汉拿山、万丈窟以及大大小小连绵起伏的自然景观浮现在脑海中了呢？像济州这样保持着原始自然景观的地方的确稀少，因此济州的农产品都带有"清净"的形象。

　　不含糖制作而成的果酱也很符合这种清净的形象。为了从济州岛的农产品中找到可以制成果酱的材料，我拜访了农渔产品物流企业。一位企业的老板告诉我，他也在用种类多样的食材制作酱。当他问到"用鱼或者贻贝是否也可以做酱呢"时，瞬间我就有了"活鱼不太可能，贻贝倒是可以挑战一下"的想法。贻贝甜中带咸的味道很适合做菜，如果也能做出一种原汁原味贻贝特色酱，与米饭一起搭配是再好不过了。

　　虽然有了做贻贝果酱的念头，但是对连如何处理贻贝都不知道的人来讲，初次尝试的确经历了不少失败。不管三七二十一，先从闹哄哄的市场上买来生贻贝进行试验，发现用干贻贝制作更为方便。在生发、腌制、蒸煮等10多种烹饪方法都尝试过之后，还是选择了既带有甜咸双重口味又不失贻贝特色的方法完成了贻贝果酱的制作。

MUSSEL

193

making

贻贝果酱的制作

干贻贝 —	50g
低聚果糖	230g
酱油	40g
柠檬汁	10g
果胶	4g

（果酱量: 170g, 糖度: 79brix）

玻璃瓶清洗与干燥

1. 将玻璃瓶洗净，圆侧面朝下放入锅里，盛入高度为 1~2cm 的水，盖上锅盖。

    TIP 玻璃瓶若放置不对, 煮的过程中易碎, 这点务必多加注意! (请参考 24 页)

2. 煮 2~3 分钟消毒。

3. 掀开锅盖取出玻璃瓶，沥干瓶子上的水，瓶口朝上放置，晾干备用。

材料的处理

1. 把贻贝放入锅里倒上水煮，水要浸过贻贝。

2. 煮沸后继续煮 15 分钟，捞出贻贝待用。

❶ 把贻贝、低聚果糖、酱油、柠檬汁、果胶等所有材料放入榨汁机里打碎。

❷ 打碎后,盛到锅里加热。当锅边部分开始轻微煮沸时,关火,倾斜锅,然后用手持搅拌机将锅里的材料打碎。

TIP 贻贝虽然煮过,但难免会有硬硬的、未被打碎的部分,因此加热后再用手持搅拌机打一遍。

❸ 继续大火加热。

❹ 锅里的材料开始变得黏稠,气泡变大、气泡壁增厚时,糖度计数值显示 79brix,停止加热。

装瓶保存

请装到
这里为止噢!

1. 果酱做好后应立即装入干燥的瓶子内。

   装入的量不要过满,到瓶颈和瓶身之间的界线为止。

2. 用抹布把果酱装瓶过程中沾到瓶颈或瓶身上的果酱擦干净。

3. 装完之后应马上盖瓶盖。

   TIP 在果酱温度下降之前,必须要盖紧盖子,才能形成真空状态。趁热立即盖,瓶盖里面会结露珠,1~3 天后水分自动吸收到果酱里,因此不需要担心里面有微生物繁殖。

杀菌

请参照第 31 页。

冷却与真空密封的检查

1. 密封装瓶的果酱要放于室温中冷却到 30℃,再浸入冷水中。

2. 确认瓶盖完全密封好(发出啪啪的声音)之后,从冷水中取出。

保质期和保存方法

按照以上食谱制作的贻贝果酱(糖度为79brix以上)可保存6个月以上。但从开瓶那一刻起,微生物极易通过空气进入果酱,造成果酱变质,因此开瓶后务必要放入冰箱冷藏保存。

For 适宜人群

偏爱肉类的成长期青少年;
平时喜欢吃贻贝的女士;
想品尝与众不同的口味的果酱控。

enjoying

贻贝果酱这样吃

1. 可以抹在面包、饼干上吃，充分品尝贻贝的香味。
2. 热乎乎的饭里拌上贻贝果酱，相信它与众不同的风味会给你一个惊喜。

taste

贻贝果酱的味道

酸味 贻贝本身的味道中和了酸味，基本没有什么酸味。

甜味 与原材料的量相比，糖量比重高，吃起来很甜。

香味 贻贝味道鲜美，所以果酱吃起来也喷香可口。

原味 能充分品尝到贻贝的原汁原味。

色泽 粉碎后的贻贝颜色呈深褐色。

浓度 比市售果酱要浓稠。

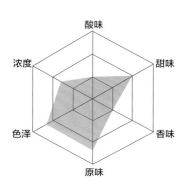

咖啡巧克力酱

最近创业市场上以惊人速度成长的要数咖啡行业了吧？我个人也非常爱喝咖啡。咖啡行业的发展不正说明喜欢喝咖啡的人越来越多吗？如果我说，在我生活的济州岛上种植着咖啡，您相信吗？

几年前在一个济州岛民的聚会上偶然认识了一位研究咖啡的人。知道我开发手工果酱以后，曾经为我解答过一些有关咖啡果酱制作上的问题。

用苦涩的咖啡能做出甜果酱？但问题出乎意料很容易就解决了。用正宗的咖啡很难做得出，但可以涂抹奶油做底料，这样的话比想象中要简单得多。在网上查阅调查如何制作咖啡果酱的方法时，一眼就发现了一种名叫"Nutella"的涂抹巧克力。于是我马上订购，到了一尝，哇，妙不可言的味道！细细品味，有点儿像咖啡、可可和牛奶的绝妙组合。

制作咖啡果酱时，不需要使用果胶，只要把糖和牛奶巧克力的量调好，就能轻而易举地做出甜美的果酱来。为了果酱的保存，需要用糖度计测定果酱的糖度，但这一方法却遇到了困难。即使再美味，如果浓度太稀的话，就会和牛奶产生分层。最后，我想出了一个办法，把做好后的果酱取一滴滴在瓷盘中，待凉了以后倾斜瓷盘。这种方法与糖度计测定相比虽然原始了点儿，但确实比糖度计更能准确判断出浓度。

因味道如咖啡、牛奶、巧克力的绝妙组合而备受欢迎的咖啡巧克力果酱，现在我们做一做吧！

COFFEE
CHOCOLATE

making
....
咖啡巧克力酱的制作

材料

牛奶巧克力	150g
低聚果糖	175g
牛奶	300g
咖啡	8g

（果酱量：200g）

玻璃瓶清洗与干燥

1. 将玻璃瓶洗净，圆侧面朝下放入锅里，盛入高度为 1~2cm 的水，盖上锅盖。

    TIP 玻璃瓶若放置不对，煮的过程中易碎，这点务必多加注意！（请参考 24 页）

2. 煮 2~3 分钟消毒。

3. 掀开锅盖取出玻璃瓶，沥干瓶子上的水，瓶口朝上放置，晾干备用。

材料的处理

基本不需要做事先处理。

❶ 把牛奶和低聚果糖放在锅里加热。

❷ 煮开时，放入牛奶巧克力和咖啡，并搅拌使它们融化。

TIP 如果不搅拌均匀的话，巧克力就会粘到锅壁上烧糊，因此必须要充分搅拌，使巧克力迅速化开。

❸ 根据个人的口味，想吃咖啡味浓的朋友可以多放一些咖啡在里面。

❹ 用木铲不停地搅拌，直到锅里的材料开始变得黏稠为止。

❺ 快要做好时，冒出的气泡如同米粒状，看到这样的气泡，再继续煮 2~3 分钟，用木铲搅拌，查看果酱的浓度。

❻ 取一滴果酱置于盘子中观察，如果很快往下淌的话，说明还需要加热。如果一直保持刚滴下的样子，感觉只是在原地稍微滑动了一下，那么说明浓度正合适，咖啡巧克力果酱制作成功。

请装到
这里为止噢!

装瓶保存

1. 果酱做好后应立即装入干燥的瓶子内。

   装入的量不要过满，到瓶颈和瓶身之间的界线为止。

2. 用抹布把果酱装瓶过程中沾到瓶颈或瓶身上的果酱擦干净。

3. 装完之后应马上盖瓶盖。

   TIP 在果酱温度下降之前，必须要盖紧盖子，才能形成真空状态。趁热立
   即盖，瓶盖里面会结露珠，1~3 天后水分自动吸收到果酱里，因此不
   需要担心里面有微生物繁殖。

杀菌

请参照第 31 页。

冷却与真空密封的检查

1. 密封装瓶的果酱要放于室温中冷却到 30℃，再浸入冷水中。

2. 确认瓶盖完全密封好（发出啪啪的声音）之后，从冷水中取出。

保质期和保存方法

按照以上食谱制作的咖啡巧克力果酱可保存3个月以上。从开瓶那一刻
起，微生物很容易通过空气进入果酱，导致果酱变质，因此开瓶后务必要放入
冰箱冷藏保存。

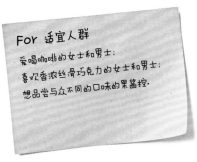

For 适宜人群

爱喝咖啡的女士和男士；
喜欢香浓丝滑巧克力的女士和男士；
想品尝与众不同的口味的果酱控。

enjoying

咖啡巧克力酱这样吃

抹在面包和饼干上吃，尽情品尝咖啡和巧克力完美融合的浓香。

taste

咖啡巧克力酱的味道

酸味　为防止牛奶结块未添加酸的成分，因此果酱没有丝毫的酸味。

甜味　与原材料的量相比，糖量比重高，吃起来甜味浓。

香味　巧克力本身的香与咖啡的香融合，打造出了微香的果酱。

原味　虽然主材料是牛奶巧克力，但由于添加了咖啡，增强了原材料的味道。

色泽　做好的果酱很好地保留了原材料的颜色，呈巧克力色。

浓度　若熬的时间不够，会出现分层的现象。正常做好的果酱浓度较高。

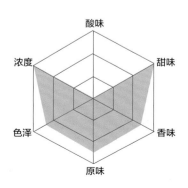

图书在版编目（CIP）数据

纯手作果酱10分钟就OK / (韩) 裴弼省著 ; 王国英
译. -- 南京 : 江苏凤凰科学技术出版社, 2018.12
　　ISBN 978-7-5537-9614-7

　　Ⅰ.①纯… Ⅱ.①裴… ②王… Ⅲ.①果酱－制作
Ⅳ.①TS255.43

中国版本图书馆CIP数据核字(2018)第202116号

著作权合同登记 图字：10-2015-592

纯手作果酱 10 分钟就 OK

著　　　者　［韩］裴弼省
译　　　者　王国英
责 任 编 辑　葛　昀
责 任 监 制　曹叶平　方　晨

出 版 发 行　江苏凤凰科学技术出版社
出版社地址　南京市湖南路 1 号 A 楼，邮编：210009
出版社网址　http://www.pspress.cn
印　　　刷　北京博海升彩色印刷有限公司

开　　　本　880mm×1230mm　1/32
印　　　张　6.5
版　　　次　2018年12月第1版
印　　　次　2018年12月第1次印刷

标 准 书 号　ISBN 978-7-5537-9614-7
定　　　价　39.80元

图书如有印装质量问题，可随时向我社出版科调换。

homemade jam